曾仕强◎著

归心

曾仕强说修己安人之道

北京联合出版公司
Beijing United Publishing Co.,Ltd.

图书在版编目（CIP）数据

归心：曾仕强说修己安人之道 / 曾仕强著 . — 北京：北京联合出版公司 , 2022.5

ISBN 978-7-5596-5872-2

Ⅰ . ①归… Ⅱ . ①曾… Ⅲ . ①人生哲学—通俗读物 Ⅳ . ① B821-49

中国版本图书馆 CIP 数据核字 (2022) 第 023556 号

归心：曾仕强说修己安人之道

作　　者：曾仕强

出 品 人：赵红仕

选题策划：北京时代光华图书有限公司

责任编辑：牛炜征

特约编辑：刘冬爽

封面设计：柏拉图

北京联合出版公司出版

（北京市西城区德外大街83号楼9层　　100088 ）

北京时代光华图书有限公司发行

文畅阁印刷有限公司印刷　　新华书店经销

字数146千字　　787毫米 ×1092毫米　　1/16　　12.75印张

2022年5月第1版　　2022年5月第1次印刷

ISBN　978-7-5596-5872-2

定价：58.00元

序言

管人靠科学，安人靠哲学

哲学比科学更能解决管理的难题

管理靠什么？

有人说管理靠实务经验，这一直是大多数管理者所依据的指南。所谓一回生，二回熟，经验累积起来，当然熟能生巧。很多管理者自认不必学习便能够管理企业，凭借多年经验，便能媳妇熬成婆。而且搞了这么多年，难道还需要他人的教诲？于是我行我素，置管理的科学、哲学于不顾，却也日复一日，过得相当舒适。

有些人缺乏经验或者有了经验仍觉得有学习的必要。他们求知心切，大多一头栽进管理的科学领域。从此开口数据，闭口信息，视经验为误区，却看不见哲学。于是整天紧张忙碌，口中念着一些英文代号，不停地追求什么新的理论，似乎看书、听课都来不及，哪里有什么时间和精力来从事实际的管理？

有朝一日，当他们发现这些理论不过是某些学者或者管理顾问制造出来的风潮时，心里不免兴起一种念头：这些提出理论、制造风潮的学者或顾问，如果让他们实际经营一家公司，不知道会不会按照他们自己所说的去实施，更不知道成效如何。尤其是数据不足、信息有限的时候，很容易弃科学于一旁，掉进迷信的深渊，一心求神问卜。

许多管理者，有如钟摆一般，回荡于科学和迷信两端，对于中间的哲学，则一下子跳越过去，无所涉猎。手里拿着数据，心里想着明牌①；眼里看着信息，心中向往神灵。看起来阴阳兼顾，迷信和科学互补，实际上是由于缺乏哲学素养，以致始终难以安身立命。

那管理哲学有什么用？且看以下种种难题：

● 大中型企业里的带头人，如果做得不好，一定会被"换"掉；假若做得很好，很快就会被"挤"掉。因而兴起"为谁辛苦为谁忙"的怨叹，茫然地面对未来。

● 上市公司的负责人，原本想把自己的资金抽回来，换用他人的资金来经营，以减少自己的风险，却不料市场派来势凶猛，几乎抢走自己的经营权。于是指派专人，用心操控，处心积虑地确保自己的位子。

● 职业经理人，更是值得同情。人家当老板，为的是建立属于自己的王国。刘备当年三顾茅庐，留下千古美名。后来却因桃园三结义的兄弟情谊，不顾屡建奇功的军师孔明的苦苦相劝，硬要亲自攻打东吴。私情公理难以兼顾，原本是老板最大的无奈。职业经理人也面临进退两难的境地：

① 明牌，指奖券开奖前，媒体或消息灵通人士，甚至是"通灵人士"所预测的中奖号码。——编者注

不能配合，便是不仁，缺乏体谅老板的爱心；尽量配合，那就是不义，变成老板的白手套①，不合乎专业的伦理。经营不善，职业经理人引咎辞职，老板还会把所有的缺失都怪罪在这位可怜人的身上。经营良好，老板的子弟心想"肥水不流外人田"，不如自己收回来经营，于是千方百计逼走职业经理人。这也时有所闻。

• 公司既不上市，也不委请职业经理人来经营。无奈岁月不饶人，不得不寻求继任者。想来想去，还是自己的儿子最可靠。想不到少主登基，先和老臣过不去。自己出面协调，儿子竟然向父亲提请辞职。父亲不敢向外人吐露实情，只好私下问老天爷："苍天在上，我的儿子向我辞职，我可以向你请辞吗？"

这些问题，都是经验或科学所不能够解决的。但是，对于经营者来说，却是迟早必须面对的严肃命题。管理哲学的功能，也只有在这种紧要关头，才显得尤为重要。

仅凭经验，日子也可以过得相当舒适。这专指那些基础产业的经营者，特别是民生必需品行业，由于产品变化不大，生产规模也很小，而且经营者也安于现实，乐天知命，所以除了生死不测之外，其他一切如常。

规模稍大，心思就会复杂，想看看人家是怎样管理的，或者自己修一个管理学位。跨过第一道门槛，所看到的仅是管理的科学层面，但也足以令人把玩一辈子，让自己越来越有信心，让别人也认为自己越来越有成就。年纪轻轻，便把自己打扮成一只气势昂然的雄鸡，随时准备和别人大战三百回合。由于缺乏利爪，所以笔记本电脑成为必不可少的现代化设备，随身携带。年纪稍长，便摆出一副导航人的架势，好像任何事情都在自己

①　在从事某些见不得人的事时，人们通常会寻找一些"合法""合理"的理由来加以掩饰，而从事这种掩饰工作的个人、单位、组织等，都可以称为"白手套"。——编者注

的掌握之中。

实际上，不论年龄大小，都会经受寂寞、空虚、僵化的苦恼而难以解脱。双手紧握着科技这一杆枪，却弄不清楚真正的敌人在哪里，偶尔有风吹草动，立即猛烈开火。有时自己也会觉得神经兮兮，却不知道问题出在哪里。

因此，管理最好以哲学为中心。把自己的基本理念调整妥当，就比较容易兼顾经验和科学。偏重其中某一个领域，就是单元性的选择，很容易走向极端。所以管理哲学的建立，最好采取多元化的观点，以期配合时空变化及情境的不同，做出合乎中道的决策。

管理哲学并不排斥管理经验，因为它的建立是反省经验的结果。不反省管理经验，根本无从获得管理哲学。管理哲学应该是管理科学的母亲，可惜这个儿子长大以后，常常不认母亲，反而嘲笑母亲年老、虚幻。

话说回来，管理哲学需要管理经验来印证，有赖于管理科学来实现。如果缺乏经验和科学的配套，管理哲学也是独木难支，有气无力。

很多人都知道管理哲学的重要性，只是年轻的时候，无从学起；年纪稍长，又觉得自己积累了这么多的经验，应该可以拥有自己的管理哲学；年迈时则认为时日无多，学它做什么。因此真正明白而又确实建立自己的管理哲学的，为数并不多。

上台时不谨慎，在位时争名夺利，下台时不放手。这些祸害的影响，随处可见。这都是只有管理经验、管理科学，却缺乏管理哲学的明证。

中国的管理哲学更具优越性

管理离不开哲学，中国式的管理更离不开中国的管理哲学。有人认为，科学是西方的比较先进，哲学也应该是西方的比较昌明，因此一切向西方看齐。殊不知，全盘西化，就等于灭族。因为文化的存在与否，决定一个民族的存亡。孔子的民族思想，重夷夏之分。孟子强调夏不能不如夷，他说："吾闻用夏变夷者，未闻变于夷者也。"身为中国人，不可不致力于复兴中华文化。

中国的哲学体现了传统文化的精髓，凝聚了古人的聪明才智，但是我们也不能盲目复古，否则就会被时代淘汰，结果无异于灭族。因为时代不断向前推进，任何民族如果故步自封，都必然无法生存，更谈不上生生不息。

全盘西化是"零"，盲目复古也是"零"，两个"零"合起来或是分开来，都等于"零"。我们要走出一条路来，走出一条光明大道，便需要继往开来，从中华传统道德中，开辟出一条现代化的崭新道路。

这些年来，中国传统文化举步维艰，发展非常无力。对待中国传统文化有三种不同的态度：

- 编订传统文化的基础教材，让学生死记硬背，令人越念越生气，越读越乏味。
- 把它当作考古材料，大家争论，这一句话是谁说的，那一段是不是伪造的。令人眼花缭乱，终致懒得去理会。
- 把它视为过时、落伍的包袱，一些人甚至把它当作谩骂、讥讽、耻笑，或者侮辱的对象。一个人沦落到必须辱骂自己祖先的地步，其内心原本十分悲哀。万一骂错了，越骂越显得自己的见解不够深入，那就更觉得遗憾。

常有人提出这样的问题："同样是儒家思想，为什么有的人运用起来头头是道，而且十分有效；有的人运用起来，不是流于空谈，便是有气无力？"

答案非常简单：有的人看见儒家的东西，便把它当作宝贝一般，用心钻研，勉力去实践，所以获得良好的效果；另一些人看见儒家的东西，不是认为这个我懂，我比谁都熟悉，便是认为这是废物，我老早就看穿它了，恨不得把它整个丢弃。有气无力，实属意料中的事。还有些人大喊口号，心里却全不认同，当然成为一场空谈。

这并不表示，我们必须高举中国传统文化的大旗，视它为至宝加以顶礼膜拜。但是，至少应该站在积极的立场，分辨其优劣，将它的精华部分撷取出来，发扬光大，也算略尽中华民族一分子的责任。

幸好，眼前的情况已经出现转机，越来越多的管理者认识到中国人应该有自己的管理方式，也相信中国长久以来已经形成了自己的管理方式。

负实际责任的企业负责人或高层主管，大多认为自己的确是按照中国人的管理方式来经营的，只是平日忙碌，没有时间去思考和整理，所以说不出一套道理来。不过，许多人表示，由于各种言论的影响，他们有时会怀疑自己一向的作风是不是落伍了，或者发生了偏差，后来有机会听到有关中国管理哲学的演讲，才信心十足起来。原来中国人某些看起来乱七八糟的管理行为，背后竟然大有道理，真是"日用而不知"！中层和基层主管也恍然大悟，平日对老板或高层主管的诸多不满，不过是不明了其中道理而产生的误解。既然大多数中国老板和高层主管都离不开中国作风，而今又明白何以如此的道理，今后的配合，应该更加默契。

长久以来，年轻的朋友一直觉得中国人只讲究做人的道理，缺乏做事的准则。却不料管理的根本就是"做人做事的道理"，做人称为人际关系，做事便是工作绩效。学生时代死记硬背的一些传统文化的基本教材，居然就是活生生的管理法则。很多人摇摇头，有"恍然大悟"的喜悦。

人们共同的忧虑是，中国式管理的步调会不会显得缓慢，赶不上快速发展的时代要求？其实，中国式管理是"由缓而急""先慢后快"的，而且越有默契步调越快。

大家还有一个怀疑：中国人是不是变了？中国人当然在变，而且一直在变，今后还要不断地变下去。不过，中国人的特性在"持经达权"，把握"变中之常"，所以有永远不变的东西，这叫作"有所变有所不变"。中国人不变的部分，叫作"经"。从事管理的时候，要偏重实务，才具有实用性。实务是千变万化的，但其背后有不变的"经"，这个"经"便是基本的管理观念。中国人的管理观念，来自流传已久的中国管理哲学。

近年来，我们致力于建立中国管理模式，主要的原因不外乎下述两项：

其一，由于痛苦的实际经验，深切体会到西方的管理模式并不完全符合我国的国情。许多在西方行之已久、卓有成效的管理制度或方法移植到中国后，不是推行起来十分困难，便是效果不尽如人意。

其二，警觉于日本管理模式爆出冷门。一个在历史、地理、文化方面和中国都非常相似的蕞尔岛国①，居然从第二次世界大战失败的废墟中坚强地站了起来。众多日本企业快速而持续地成长，并且以"高品质、低价格"的商品横扫国际市场，造成许多国家对日贸易的严重逆差。日本也由此成为世界瞩目的经济大国，引起欧美各国的惊羡。然而我们心里有数，日本那些经管理念总共加起来也只有"半部《论语》"这么多，但被他们用得有声有色，取得了辉煌的成果。这使得我们一颗久已冷漠的"民族自信心"重又热络起来，"半部《论语》治天下"再一次获得了关注。

近几十年来推行管理，都是在仿效欧美。然而，几千年以来，中国社会的民情风俗和欧美的大不相同，所以管理的方式自然也和欧美不同。日本管理之所以非常成功，在于他们十分明白：管理物的方法，可以学欧美；管理人的方法，不能完全学欧美。日本人并不讳言，他们一直孜孜不倦地学习美国的管理，然而他们却能结合中国的管理哲学。

我们既然明白，欧洲驾乎我们中国之上的，不是管理哲学，完全是物质文明，那么就应该充分发掘自己的管理哲学，采纳西方先进的管理工具与方法，走出中国式管理的光明大道。

---

① 蕞尔，形容小。出自《左传·昭公七年》："郑虽无腆，抑谚曰'蕞尔国'，而三世执其政柄。"这里的蕞尔岛国特指日本。——编者注

目录

01

管理之道，
在于修己安人

"管人""理人"还是"安人"

中国人不能"管"，所以"管人"不妥

说中国人难管，是因为你要管他；如果你不想管他，中国人并不见得难管。自古以来，中国人就认为"人的身体虽然渺小，却有其优异的性质，在宇宙间居于卓越的位置"，对于这种"顶天立地"的中国人，我们当然不能任意去"管"他，因而塑造了中国人"不被管""不容易管"的性格。

西方管理，可以说是"管人"与"理事"的乘积。他们"认事不认人，认法不认人"，以至于重"事"（评估绩效）轻"人"（绩效不佳，立即换人）。

为了把人"管"好，令其按照既定的计划去"理事"，心理学家、行为学者真是煞费苦心，绞尽脑汁。一些"硬心肠"的哲学家，也强

调客观的理智，不惜"自欺欺人"（西方哲学家当然极不愿意如此，但身处偏道环境，又持偏道思想，往往不幸而致此），制造若干"原罪""性恶"的论调。英国生物学家查尔斯·罗伯特·达尔文（Charles Robert Darwin）固然贬低了"人"的地位，另一位英国生物学家阿尔弗雷德·拉塞尔·华莱士（Alfred Russel Wallace）原本极端反对达尔文的学说，竟然也称："整个人类，连所谓原始人在内，从生物学去看，都处于与驯化动物相同的位置。""人"既然等同于"动物"，自然应当好好受"管"。

中国人的观念并非如此。"管理"应该是"管事"与"理人"的乘积。中国人认为宇宙间自然存在的，唯"人"与"物"（人也是物的一种，但因其具有特殊的优异性质，所以异于其余众物而超然万物之上）。

"事"的产生，是"人"与"物"交接的结果，"事在人为""有人才有事"（没有"人"的"事"与"人"并不相干，等于不存在），因而特重于"人"（有人好办事）。我们要"人"来管"事"，而这些管"事"的人，最好是比自己更贤能的"人才"，我们尊敬他都来不及，岂敢管他？

孔子说："治理一个拥有千辆兵车的国家（千乘之国），对事要一丝不苟，而对人民要有信用。"管理国家，是"管事"，而不偏重于"管人"。

什么是"理人"呢？孟子把它称为"敬人"，也就是看得起别人的意思。孟子重"义"，他认为"有道德的人（大人），说的话不一定守信（言不必信），做的事不一定果决（行不必果），但留意于通权达变，而以'义'为衡量的标准（唯义所在）"。守信与果决，本来都是善行，但如不守信或不果决，反而合于"义"，那就可以不守信、不果决，可见"义"是审核的准绳，也是众德的依据。孟子说"君臣有义"，上司（君）与部属（臣）相处的标准（义）是"在下位的敬重上位的（用下敬上），叫作尊重贵人（谓之尊贵）。在上位的敬重下位的（用上敬下），叫作尊重贤人（谓之尊贤）"。这种彼此互"敬"的需求，早已深植于中国人的心中。"敬"的意思，便是"看得起"，中国人常说"承蒙看得起"，内心十分愉快。"看得起"的行为表现在"理"，当我们不"理"某人的时候，表示我们根本看不起他。中国人常常抱怨"他理都不理我"，因为"他心中没有我"（中国人深切希望活在别人的心中，对此十分介意），即"看不起我"，因而不免生气。

中国人"不能不理"，但光"理人"不够

中国人的性格，既然是"不能管他"（凭什么管我）、"不能不理他"（为什么不理我），中国式的管理，当然要从"管人"的层次，提升为"理人"。

"理人"重点在"敬"不在"恩"。西方奉行"恩抚家长主义"（benevolent paternalism），老板以家长的态度来照顾工人，改善工作环境，给予各种福利，借以表示恩惠与仁慈，一时颇为有效，却抵不住 20 世纪 30 年代经济不景气的冲击，终至根本动摇，违反了"父子主恩，君臣主敬"的道理。现代许多管理者也忘记了此原则，妄想施"恩"，一味讨好部属，结果造成"一团和气，一事无成"的困境。然后回过头来，痛责员工的不仁，竟至对于"关爱员工"的管理（仁治）失去了信心。

"恩"是父子间的事。父子相处，"恩"比"敬"更重要，孟子主张"敬长"而不言"敬亲"，他倡导"亲亲"并且推定"父子责善"为"贼恩之大者"。上司与部属的关系，显然未必是"父子"，与其"施恩"，不如"主敬"。

"敬"的基础，在于"把人当人，不当作禽兽或工具"。孟子常说"人之所以异于禽兽者几希"，而在"几希"（这一点点）当中，居然包含了"敬人的心"（恭敬之心，人皆有之），如果连这一点点都不加以重视，很容易"一念之差"，就把员工（人）视同禽兽，甚至于"禽兽不如"了。

"理他"就是"敬他"，而"敬他"的效果则在"敬人者，人恒敬之"。中国人常常"你敬我一尺，我敬你一丈"，即使在饮酒的场合，也要"回敬"一番。可见中国人十分相信"感应"的力量，肯定上司用他的心"感"（action），部属就会以他的心"应"（reaction）。

为什么只许"上司用心感，部属以心应"，不容许"部属用心感，上司以心应"呢？原来这也是经过精心设计的，亦是有意造成中国人不容易管的重大因素之一。孟子一方面鼓励做子女的应该"顺"于父母，却赞成部属对上司"不要顺"（"不要顺"绝非"要不顺"）；另一方面又告诉齐宣王说："上司如果看待部属像手足（君之视臣如手足），那么部属就会把上司视为腹心（则臣视君如腹心）；上司看待部属像犬马（君之视臣如犬马），部属就把上司视为路人（则臣视君如国人）；至于那些把部属看成没有价值、没有用处的土芥（君之视臣如土芥）的上司，就难怪部属把他当作仇人一般看待（则臣视君如寇雠）。"

中国人希望"必待上对下好，然后下才对上好"，一旦颠倒过来，在下者先对居上位者示好，那就是众人所不齿的"谄媚""拍马屁""巴结权贵"，十足的"奉承之徒"。

有人认为，中国传统只有"治道"而无"政道"，因而指出中国以前仅有"民本"观念而不涉及"民主"。实际上中国人是"寓政道于治道"的。中国人"不好管"的性格，使得历朝帝王，除了"按时纳粮""不要造反"之外，不敢过多索取，因而在专制政治的情况下，老百姓仍然享有"帝力于我何有哉"的极大自由。中国人难管，即由于这种"政道"，成为所有独裁暴君的克星。

"敬人"的结果，也有引起"不敬"的。孟子要我们首先自我检讨，为什么"我礼敬人，人却不回敬我"（礼人不答）？是由于自己"敬"得不甚周到，还是已经失敬而不自觉？如果确实是自己的失误，当然要反省以正身，务求尽其在我。倘若自省并无失敬，而对方依然"不敬"，就不妨"不理他"，因为"他不过是一个妄诞的人（此亦妄人也已矣）！这样，和禽兽有什么分别呢（则与禽兽奚择哉）？对于禽兽又何必计较呢（于禽兽又何难焉）"。这也是"上不理下，对他冷淡，爱理不理"的一种制裁力。

中国人难管，却本着"合则留，不合则去"的态度，并不主张采取西方那种争取、冲突的手段，这是"劳资和谐"的基础。除非遇到"桀纣暴虐，残民以逞"，万不得已才会"汤武行仁，吊民伐罪"。

《中庸》记载，凡是治理天下国家的，有九种经常不变的纲领，那就是修正己身（修身）、尊重贤人（尊贤）、亲近亲人（亲亲）、恭敬大臣（敬大臣）、体恤群臣（体群臣）、爱民如子（子庶民）、招徕各种技术人员（来百工）、善待远方的人（柔远人）、安抚列国的诸侯（怀诸侯）。其中除修身外，都是讲求"敬人"的道理。怎样"敬人"呢？

一是在精神方面提高他的地位（尊其位），二是在物质方面加厚他的待遇（重其禄），双管齐下，还有什么人会不知尽心尽力来"回敬"呢？

中国人难管，我们二十几年来，一直在动用西方的法宝，想要管好中国员工，效果并不理想。中国人太聪明（当然也有人否认，说这正是不聪明的表现，但持此论调的中国人，绝不承认他自己不聪明，理由是，只有他聪明才得以看出这种不聪明），很喜欢取巧，不管用什么方法管他，总有一套应对的办法，所谓"兵来将挡，水来土掩"，原是中国人的看家本领。难怪学了这么多年，仍然大叹：中国人是世界上最不容易管的。

理人之道，固然"敬人即所以敬己"；礼贤下士，当年刘备三顾茅庐，才使得诸葛孔明"鞠躬尽瘁，死而后已"。但偶尔不免遇到"人中禽兽"，以"不敬"回"敬"，值此讲求效率的时代，"不理他"并非良策，必须进一步追根究底，发掘病源，务求彻底根治，管理者才能心安。

"管人"不妥，"理人"不够，唯有"安人"

孔子的中心思想是仁，仁即爱。义是仁的显现，仁是义的基础，所以"敬人"必须出乎爱心。上司礼敬部属，如果一心一意期待其正当的回报，便是基于"利"的"私心"；上司爱护部属（是珍惜、关怀，而不是溺爱、施恩），只因为自己既然为人长上，理应如此，则是不溺于利欲的"公心"，事实上也才合"义"。仁应该是自己做出来的（为仁由己），并不是存心做给别人看，而有所企求的。"敬人"者一味等待适当的回"敬"，自身已经"失敬"，难怪会得不到想象中的效果。

出于这个缘故，孔子主张"仁以安人"。他认为管理者的责任，首先在修正自己，并且使所接触的人安适（修己以安人）。孔子十分尊崇尧舜，却也不客气地指出"修正自己，并且使百姓安乐"这件事，恐怕尧舜也难以做到。

有一天，孔子和颜渊、子路两位弟子随兴交谈。子路提起他的抱负说："我愿意把我的车、马、衣、裘和朋友共同享用，就是用坏了，我也不怨恨！"（愿车马、衣轻裘，与朋友共，敝之而无憾。）颜渊则说："我希望能不矜夸自己的好处，不把繁难的事情推到别人头上！"（愿无伐善，无施劳。）他们两人，都警觉到"敬人"的重要，只是子路的想法，似乎偏向于经济物质层面，比较粗浅；颜渊则不专重于物质，而兼顾精神层面，境界较高。

后来子路建议孔子也谈一谈自己的心愿，想不到孔子仅仅简要地说："我要使老年人觉得安稳，朋友们对我信赖，年轻人得到关怀！"（老者安之，朋友信之，少者怀之。）关怀别人，要使对方不承受任何压力，轻松愉快地受到关怀，是安人的最高境界。中国人生怕欠人家的情，甚至为了怕承受太多的情而故意"不领情"。你敬他，他不免提高警觉："你为什么对我这么好？"

战国初期的吴起将军对部属爱护备至，他为了替一个长肿包的士兵除毒，亲自用嘴巴去吸吮那个肿包里的脓。消息传到那个士兵的母亲那里，她竟情不自禁地大哭起来，因为她知道，将军的"爱"使得她的儿子不能不舍命死战。想到儿子必死，做母亲的当然非常悲伤。这种"士为知己者死"的精神，使得中国人处处谨慎，时时提防，不忘"良禽择木而栖，贤臣择主而事"。

上司选择部属，部属也考验上司，自古已然。现代组织严密，人浮于事，但是中国人向来"能忍耐，不死心"。他忍着不说，不抗争，也不表现不满，而对于"希望有一天能够幸遇明主，为他拼命"的信念，却永不绝望。

对待中国员工，管他，他偏不服；理他，他又将信将疑。最好的办法，便是"安他"。管理的"安人之道"，乃是居于人所固有的一颗爱心，爱人如己，把人我之见，消除到最低限度。你理他，他不理你，是由于他"患不安"，一旦"安"了，自然会有正当的反应，因为这才是人之常情。

员工的不安，不外乎不会做、不肯做、不敢做、不多做、不当做。不会做的不安，是由于能力不足、技术欠佳、过程不明了，或者标准不确定，所以必须"教他"；不肯做的不安，乃是由于待遇低、工作多，同仁之间相处不愉快，因此要"知他"；不敢做的不安，表现在怕做错，怕挨骂受罚，务必要"谅他"；不多做的不安，则是内心恐惧，生怕功高震主，就应该"信他"；至于不当做的不安，无非已经做错了事，唯恐从此不再受到信任，所以应该"用他"。这"教他""知他""谅他""信他""用他"，一以"诚"为本，即"仁者无敌"的"安人之道"，如图1-1所示。

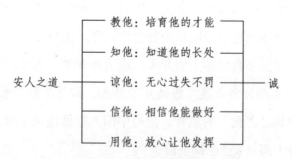

图1-1 安人之道与诚的对应关系

中国人最喜欢"自动自发"，他之所以表现得被动、保守、消极、不长进，乃是历来教育的偏失、环境的误导所造成的。对待中国员工，唯有从管人（消极约束）导入理人（积极领导），然后安人（自动自发），由"管"迈向"不管之管"，亦即"有为"而"无为"，才是光明有效的坦途，如图1-2所示。

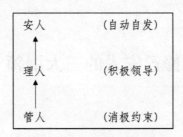

图1-2　从管人到安人

修己安人的三大纲领

中华民族屹立于世界五千余年，虽历经危难，屡遭变乱，终能拨乱返治，而绵延不绝。最主要的原因，在于历代圣贤不断奉献其智能与心力，创造完善的管理哲学。

中国管理哲学，是整个生命哲学的一部分。主要的课题，仍然是生命。它以生命为对象，主要的用心在于如何来调节我们的生命、运转我们的生命和安顿我们的生命。管理的道理，即在彰明自身原有的灵明德性，再推己及人，使人人都能够安居乐业，并且尽心尽力做好自己分内的工作。大家都站在最合适的立场彼此密切配合，用择善固执的态度来取得最适当的协调。《大学》说得十分明白："古之欲明明德于天下者，先治其国；欲治其国者，先齐其家；欲齐其家者，先修其身；欲修其身者，先正其心；欲正其心者，先诚其意；欲诚其意者，先致其知；致知在格物。"这种把一个人从内发扬到外的"一贯的道理"精微开展的管理哲学，包容了中外一切管理思想。

链　接

原文：古之欲明明德于天下者，先治其国；欲治其国者，先齐其家；欲齐其家者，先修其身；欲修其身者，先正其心；欲正其心者，先诚其意；欲诚其意者，先致其知；致知在格物。

主旨：说明管理者修己安人的次序。

解析：古时候的管理者，希望世人都能够自省自律、有所为有所不为，他们一定会先从国家着手，设法治理好自己的国家。要治理好自己的国家，一定会先从家族着眼，设法把自己的家族治理好，使族人和睦相处，齐心协力。要治理好家族，一定会先从自己做起，用心改变自己的态度习惯，成为一个具有良好德行的人。要修好自己的品德，一定会先从正心做起，使自己心无旁骛，心思端正。要端正心思，一定会先使自己的意念真诚。要心意诚实，一定会先使自己认识明确。要获得明确的认识，一定会先运用自己的聪明才智，认真地穷究事物的道理。

中国的管理哲学，汉朝陆贾说得十分清楚，就是"《大学》以经之，《中庸》以纬之"。我们以往解说《大学》《中庸》，多半侧重其德行的一面。现在让我们从管理的一面来探讨，便不难发现中国管理哲学的精义其实就在于修己安人，而修己安人又必须遵循三大纲领。

修己安人，止于至善

《大学》首章，开宗明义说："大学之道，在明明德，在亲民，在止于至善。"

大学之道，可解作"管理之道"，亦即"管理的最高原理"。因此可以说，管理之道，在修己，在安人，在止于至善。

链　接

原文：大学之道，在明明德，在亲民，在止于至善。

主旨：说明管理的道理，在修己安人，求得合理的立场。

解析：为政的道理，主要有三大纲领：亲民是重点，尊重民意为其主旨。先修治自己，使自己具备良好的德行。再逐次扩展，做好安人的德政，打下政道的基础。目标则是采取适时适当、至为合理的立场，以提升安人的效果。

良好的修己，是德行。良好的安人，即为德政。将修己安人的道理发扬光大，便是"明明德"。有了这样的基础，如果能够充分尊重民意，以公众的需求为导向，便能够适时采取正确的定位，执其两端，采取最为合理的立场。管理是"明明德"的历程，采取重视众人意见的导向，求得合理的决策。

管理是"修己安人的历程"。管理者必先修己，才能正己正人。所以管理之道，以"修己"为第一要务。

其次要"亲民"，用相亲相爱的方式来正人，就是孔子所主张的"安人"。但他认为，"安百姓"这等事虽圣如尧舜，犹恐不能完全做到，可见"安人"乃是管理的最高理想。

管理者可以逞权威、施压力来管人，但作用力越大，反作用力越强，不能使追随者心悦诚服。表面或许顺从，内心殊为不乐。因而暂时忍耐，应付了事。管理者也可以用敬重、信任来理人，比较容易收到"敬人者人恒敬之"的效果。追随者深感知遇，当然会加倍努力。管理者最好以关怀、珍惜来安人，时时抱持"患不安"的心情，使追随者身安心乐而又安居乐业，则大家自动自发、分工合作，必能各尽心力，做好应当做的工作。

"安人"以"仁"，正如孔子所说，"己欲立而立人，己欲达而达人"。管理者称自我为己，称追随者为人，而仁即盘旋其间而无阻。

仁就是"相亲相爱"，"亲爱"而能达于"交相"的境界，己安人亦安，所以说"为仁由己"。管理者以仁安人，追随者就会慕名而来，自然人才济济而又人尽其才了。

修己及安人，都应该采取至善的立场。因为立场至善，而至善表示此时此地的合理点，才能执两用中，以明明德、亲民，使其臻于至善。所以还要"止于至善"。

"止"就是"立"，现代叫作立场。《大学》传之三章说："为人君，止于仁；为人臣，止于敬；为人子，止于孝；为人父，止于慈；与国人交，止于信。"管理者站在仁的立场，追随者站在敬的立场，无论组织内外，都要坚持信的立场。这样，各方面站在最为适当的立场上，止于至善。

"至善"的意思，是最佳、最适当、最适时，这就需要不断地调整，发挥"不停滞"的精神。管理者应当体会永续的价值，如何使其立场经常保持"事理当然之极"，以确保组织的永生，这才是止于至善的真谛。

心系天下，天下归心

修己安人，就要求管理者在做任何决定前，都要心怀天下，兼顾被管理者的立场和利益。

链　接

原文： 知止而后有定，定而后能静，静而后能安，安而后能虑，虑而后能得。

主旨： 说明管理决策的过程。

解析： 管理自己叫修己，管理他人则是安人。两者都需要决策。做决定的时候，最好先明白自己的定位，站稳应有的立场。有了定位和立场，才能够坚定不移，去除私心，凡事为公着想。这样一来，心不妄动，自然安静下来。心安才能客观、冷静地深入思考问题。如果思虑能够达到周密而详细的地步，必然会出现合理的解决方案，获得预期的决策。

管理者决策之前，固然无法预知可以获得何种结果。唯一的办法，就是站在"所系正大"的立场。管理者所系正大，才成美德；所系不正大，则一切决策悉成恶德。管理者要求成功的愿望是一致的，但是在选用方法、决定手段的时候，务必留意所系正大这一原则，以此为起点，即为真正的道德管理。

管理者所系正大，其决策才能达到安人的目的，才能从两个以上的方案中，选择最适当的方案。为达成最终的安人目的，管理者还可以把它分割成若干中间目的，例如企业管理站在所系正大的立场，以"股东的安""员工的安""顾客的安"与"社会大众的安"为目标，还可以再进一步，将这些中间目的分为若干直接目的，从生产、销售、财务、人事等方面，来探讨其利润、绩效、安全与责任。

依据管理者的定向，潜心研究有关的信息，此时心不妄动，自然能静。重视信息的时代，必定产生信息泛滥的流弊。管理者如果缺乏定向，面对纷繁复杂的信息，势必不知所措、心慌意乱，无法潜心研究。

如能心不妄动而潜心研究，则管理者无论何时何地，都会考虑信息的必要性与正确性，所以能心安理得。管理者自身能安，生活正常，才不致因紧张不安而导致误判，必可获得能够安人的良策。

管理者得到合理的决策，则一切事务的本末终始，无不了然，自可依其先后缓急制订计划，再按顺序执行，并适时考核，调整误差，获得安人的管理效果。

西方的一些决策论者认为管理的主要过程即决策，美国管理学家、经济学家赫伯特·亚历山大·西蒙（Herbert Alexander Simon）甚至肯定管理就是决策。可见，管理者需要良好的决策能力，必须所系正大。

修己安人，要日新又新

商汤盥盘上的铭辞说："苟日新，日日新，又日新。"任何管理制度，绝不可能凭空创立，或无端消失。它必定有其渊源，早在此项制度创立之前，就有其前身，然后渐渐地创立。它也必定有其流变，早在此项制度消失之前，已有其后影，逐渐地变质。管理者的任务，即洞察其渊源，依据组织外在的需要与内在的用意，创立合适的制度。同时，体会其流变，按照实际的利弊与产生的影响，适时予以调整，使管理制度得以日新又新。

日新又新，绝非今日所时常强调的"求新求变"。一味地求新求变，根本就是一种偏道。如果只知宇宙在"变"，时代在"流"，而不知"变"中有"常"，"流"中有"住"，便无法把握住变中之常，因此为变而变，极易流于怪妄。

我国文化传统，以孔孟为主流，掺以老庄的自然思想，而对于管理最具影响的，即在注重"务实""不执着""中庸"的态度。我们从小便被教导着要知道随机应变，不可固执己见。但是我们同时也不敢忽视"常道"，在"实务"之中"不执着"，权宜应变，以求其"恰到好处"，即"中庸"。这种"执经达权"的权变原则，使我们"权不离经"，越变越通，亦不舍离根本。

中国人太善于权变，必须用"经"来约束，才不致乱变。管理者投身于变化之中，必须使变化能够反映若干不可更改的价值观念，否则随波逐流，仅在求其适应而已，不能算是"具有理念依据"的管理。

明智的管理者既然所系正大，又以发扬人类最高文化、表现人类最高道德为己任，则必有其理想，而不是把自己局限于"利润""绩效"

的达成，徒然贬低了自己的价值。管理者抱有崇高的理想，最好通过适当的沟通，形成组织成员的共识，作为大家共同遵行的常道，即不易的"经"。然后按照常道，顺应内外环境的变迁而"权"宜应变，一方面在这瞬息万变的世界中求生存，另一方面又能够坚守不变的原则。这种"以不变应万变"的精神，才能使变化有纪律而且确保其向善，达到"日新又新"的境界。

日新又新的"新"，其实与时间并无太大的关系，我们并不认为现在的必定比过去的好或未来的必然胜过眼前。我们认为好就是新，重点在于品质的良窳。过去的和现在的好都属于新，否则便不配为新。中国人实践的态度，使得品质重于形式。实质的进步，是日新又新追求的对象。

怎样做到日新又新呢？最好以"有所不为、有所不变"为经，也就是根本，而以"有所为、有所变"为权，也就是作用。本立而道生，管理者必须把握根本，凡事站在不变的立场来变，才能够避免乱变。

梁启超说："儒家哲学，范围广博，概括起来，其功用所在，可以《论语》'修己安人'一语括之；其学问最高目的，可以《庄子》'内圣外王'一语括之。做修己的功夫做到极处，就是内圣；做安人的功夫做到极处，就是外王。至于条理次第，以《大学》上说得最简明。《大学》所谓'格物、致知、诚意、正心、修身'，就是修己及内圣的功夫；所谓'齐家、治国、平天下'，就是安人及外王的功夫。"修己、安人都能够日新又新，这是个人道德修养的最高目标。

无为而治是管理的最高境界

无为而治是我国先贤共同追求的理想。管理既然为"修己安人的历程"，管理者所需要努力的，即在"修身以正人"，以身作则，以道诲人，便可以"无为而治"。

道家老子居于自然之道，把归根复命的原理应用到管理上，主张"为无为，则无不治"。他认为"贤明的管理者是不发号施令的，发号施令的管理者似乎并不贤明"，倡导管理者以无为的态度来处理事务，实行"不言"的教导。因为贤明的管理，旨在净化同仁的心思，满足同仁的安饱，减损同仁的心志，增强同仁的体魄。常使同仁没有伪诈的心志，没有争盗的欲念，使那些自作聪明的人不敢妄为。用这种无为的态度来管理，相信任何机构没有不上轨道的。老子肯定"清静为天下正"，因而用"治大国若烹小鲜"的妙语来形容清静的无为而治。

庄子曾说："只听过世人希望安然自在，没有听说过要管制天下"。

他认为"管理者最好依据自得的德来成全于自然。就像远古的君主治理天下那般，出于无为，一切顺其自然"。因为"即使用尽天下的力量，也不足以奖赏善举；即使用尽天下的力量，也不足以惩罚罪恶。天下之大，既然不足以处理奖赏惩罚，而三代以后，却吵嚷着要以奖赏惩罚为能事，当然弄得没有空闲来安定性命之情"。管理者如果"有为"，便不能为治；所以"莫若无为"，使大家安定性命的真情。

法家无为而治的理想，与道家相似，但所采取的途径，却颇不相同。老子以清静致无为，申韩（即申不害、韩非，法家代表人物）则以专制致无为。法家的观点，是借重明法饬令，重刑壹教的手段，来达成"明君无为于上，群臣竦惧乎下"的境界。管理者有势，又善用术，依法行使刑赏，便可以无为而治。

无为而治也是墨家和名家的理想目标，墨子主张兼爱非攻，名家倡导循名责实，都是达到无为目标的有为手段。

中国人特别爱好自由自在。我们不是不了解"天"的威权能降临祸福，但是"天人合一"的观念，却使我们在"天定胜人"，顺天者得福、逆天者不免得祸之外，更开拓出"人定胜天"的力量，肯定祸福由人自招。孔子"尽人事以听天命"的主张，早已把中国人从迷信鬼神的领域中拉了出来。《中庸》开宗明义，指出"天命之谓性"。命是命令，天命即天的命令。依据科学研究，万物运行的方式、万物变化的方法、万物运动的顺序，以及万物运行的目标，都是先天规定的，绝非万物自己规定的。因为各种物类，其先天还没有存在。"命"是秩序的来由，天命是人一生所应走的路。不过人为万物之灵，就是人自己也可以发出命令，来决定自己是不是服从天的命令。物听命属于必然；人则不同，我们的服从天命，是自由的，全凭自己做主。所以人类可以相亲相爱，也可能自私作恶，只是无论如何，都必须负起自由所带来的责任，承受自由所产生的后果。这种自作自受的规律，也是天命的一部分。

"日出而作，日入而息。凿井而饮，耕田而食。帝力于我何有哉！"一直是中国人向往的境界。我们普遍不喜欢受管，总觉得自己可以管好自己。孔子说自己"七十而从心所欲，不逾矩"，实在地描画出了中国人理想的目标。

"人性不喜欢接受他人的管治，却应该自我修养，把自己管治好"，大概是无为而治的基本原理。每一个人都修己，也都尽量求能安人，当然可以无为而治。

由于时代的变迁，无为而治有其不同的意义与功能。

无为而治的传统意义及功能

孔子重视正名，主张"君君、臣臣、父父、子子"。他认为有君的名，就应该尽君的权责；不过孔子固然明君臣之别，却与唐太宗所谓"君虽不君，臣不可以不臣"大不相同，而谓"君使臣以礼，臣事君以忠"，即君必须以礼待臣，然后臣才会以忠报君。

孔子不认为臣应该无条件地听命于君，这是管理上最可靠的制衡作用。因为君有威权，臣多半会畏惧而顺从。万一君的决策错误，而臣又唯唯诺诺，岂非火上浇油？后果必定不堪设想。孔子认为每事从君之命，不得谓忠，盲目服从，根本是不负责任的表现。

孟子更进一步指出："事亲要顺，但有其限度。"而事君的义，则为"不要顺"。孟子论为人臣者的人格，分为四级，以容悦于君者为最低级。因为专图容悦的人，只配做《梁惠王上》所说"不足使令于前与"的便嬖，不足为辅佐之臣。他认为"为大臣为能格君心之非"，如此重大的任务，绝非一味顺从所能达成。

君有志于道的，也有志于非道的，更有志于道而误以非道为道的，所以臣不可以唯顺于君。但是不顺的结果，或则遭贬，或则革职，甚至惨死，历史上并不少见。于是，君主无为，成为比较有效的方式。天子无为于上，使贤相有为于下，就是无为而治的原则。

在我国传统的君主政体之下，天子的位子几乎是世袭的。由于天子之子未必皆贤，必须依赖宰相传贤来辅助。同时宰相的位子不安定，正好借天子传子来补足。那时政府之内分设两种机构，其一传子，地位确定；其他传贤，得以随时更换。政府既能新陈代谢，而中枢又不至于发生动摇。

天子地位确定，无论贤或不肖都不方便更换；宰相地位不确定，如果不贤，随时可以撤换。为了让宰相得以充分发挥潜力起见，我国先哲提出无为而治的构想，使天子就位之初，不待他人规劝，即能自动采取无为的立场。否则以天子的权威，难保宰相不敢有所为，以免多做多错，甚至性命不保。

事实上，天子要确保地位，最好的办法，也就是无为。自愿居位于无为的位置，才肯尽力礼聘贤相，让其施展才能。贤相殊不易得，所以君主必须礼贤下士，贤人才会闻风而来。同时，天子无为，才能保持客观的立场，做到"天视自我民视，天听自我民听"，从老百姓的具体反应做出公正的评鉴。

我国古代通称君王为"九五之尊"，并没有人赞扬"上九之尊"。圣君的位置，只在九五，不可以高高在上，把自己视为无所不知、无所不能的人，即不能居于上九。这就是无为之治的奥妙之处。《易经》中乾卦第五爻的爻辞是"九五，飞龙在天，利见大人"。其中龙代表君德，天代表君位。飞龙在天，正好在九五的位置，不可以再往上升了。这时具有君德而又居于君位的人，最重要的工作，便是"利见大人"，礼聘贤才，来辅助自己得民安民。

"利见大人"则有两层含义：一指圣君，一指贤相。一方面是说得天位的君王，必利见有大才大德的臣，才能够成天下之治，有如尧得舜、舜得禹、成汤得伊尹、周文王得吕尚。另一方面，是指有君德而无君位的君子，必须利见有大才大德之君，然后可以行己之道，好像舜遇到尧、禹遇到舜、伊尹遇到成汤、吕尚遇到周文王一般，才有展现的可能。两者相辅相成，而天下大治。

圣君居于九五的位置，放手让贤相有所施为，便是无为而无不为的具体做法。如果君王自视甚高，刚愎自用，为所欲为，必致脱离群众，失却民心，因而导致懊悔。

当然，儒家倡导"仁治"，法家提倡"法治"，名家主张循名责实，墨家强调兼爱非攻，都以有为来达成无为。老庄（即老子、庄子）则鉴于君王过度作为，满怀成见，极易事事以自我为中心，而引起无谓的纷争，毅然主张自然无为，即注重个性的自由发展，一切顺性而不可妄为。但是，老庄究竟不同于自由放任或无政府主义。庄子以天道与人道来区别君与臣的运作，结果还是导出"君无为而臣有为"的分工，只是希望大家共同秉持"为而不有"的信念，做到"功成弗居"，而减少纷争。

无为而治的构想，确实是封建及专制时期的良好制衡，一则可以避免独裁，再则可以让真正有才能的人，得到发挥的机会。最大的好处，应该是圣君贤相的最佳搭配，成为老百姓安居乐业的最好保障。

无为而治的现代化意义及功能

传统及近代管理，以大众所说的齐家、治国、平天下，即家庭管理、行政管理及教化管理为主。现代社会特别重视职业生活，将以往的成家立业分开为齐家、立业，所以多了一项企业管理，而且居于相当重要的地位。

所谓"现代"，不但是一个时间观念，而且是一个内容观念。时间方面，系指近代之后的当代。内容方面，则是现代化必须实现某些内容。换句话说，"现代化"不仅是一个描述性的观念，还应该具有评价性的含义。

现代化管理是合乎人性管理的一种追求。管理必须合乎人性，否则大家都痛苦。只有利润，只有绩效，一切讲责任，一切讲效率，而人人不得其安。请问对于增进人类幸福，有何实际助益？

管理要合乎人性，必须先顺乎人性的要求，以达成安人的最终目的。

任何人都不喜欢别人管他，所以梁启超先生把无为解释为俗语所说的"别要管他"。他说："俗语'别要管他'，文言即'无为'。"

不要管他，那还谈什么管理？我们不要忘记：管理有两个字，不要管他，却不能不理他。"理"是什么？便是孟子当年所说的"敬"。孟子要我们"有礼者敬人"，是基于"焉有君子而可以货取乎"的人性基础，希望所有管理者，首先要"看得起"（敬）部属。

管理以看得起部属为出发点，主管便不应该只重视自己的权威，一心想满足自己的成就欲。上者无为，成为最合理的"看得起部属"的人性表现。

无为绝对不是一事不做，什么事情都不做，哪里能够无不为？再说，人是天生要动的，做事才合乎人性，主管什么事情都不做，基本上已经违背了自己的人性，如果真要一事不做，那就是造作。

主管要做的事，乃是"放手支持部属去做事"。部属的有为，正是主管的无不为。怎么放手支持部属去做事呢？最好的方式就是看得起他，相信他可以做得很好，所以正确的态度即"不要管他"，但是更重要的是下面一句："要好好理他！"

管理者敬重部属，大家便不好意思不尽心尽力，各尽其责的结果，便叫作总动员。总动员才是整体的绩效，不像个人英雄主义者独断独行那样，弄来弄去，只发挥了一个人的智能。

凡是部属能够做得好的工作，主管都不应该去做，否则便不符合"分层负责"的精神，也不合乎"分工专职"的原理。管理者敬重部属，部属并不尽心尽力工作，管理者就应该想想孟子的话："我爱人，人却不亲近我，我应该自反，再尽我的仁爱。我治理人，人却不爱我的治理，我应该自省，再尽我的智能。我礼敬人，人却不回答我，我应该反省，再尽我的礼敬。凡是所做的事，有不能如己所愿的，都从我自身检讨和反省。只要自身纯正，天下的人，自然都依着我了。"（爱人不亲，反其仁；治人不治，反其智；礼人不答，反其敬。行有不得者，皆反求诸己，其身正而天下归之。）

如果遇到部属不能做或者做不好的事情，主管当然应该挺身而出，拿出办法来，把事情做好。这时部属由于自己做不好或不会做，自然很乐意接受指导和协助，心里不反感，接受命令就不会有所抗拒。

　　问题是：主管如何判断部属能不能做，愿不愿意做？假若判断错误，岂不是适得其反？

　　孟子当年用"不得已"来解决这个难题，他说："予岂好辩哉？予不得已也！"不是别人不会说，更不是我比别人说得更好，而是此时此地，别人都不愿意说，我不得已才说的！这种古道热肠，正是一种道德上的责任感，我们称之为使命感，或者道德勇气。

　　主管如果经常富于使命感，部属就会越来越缺乏使命感。因为主管权大位高，部属哪里争得过？干脆成全主管，用自己的缺乏使命感，来满足主管无敌的使命感，这是整个组织有气无力的主要原因。

　　庄子更进一步，把孟子的辛酸苦涩，化之于无形。他说："无门无毒，一宅而寓于不得已，则几矣。"一个人不走门路，不刻意营求，心灵凝聚而处理事情寄托于不得已，这样便是合乎人性的做法。他又说："且夫乘物以游心，托不得已以养中，至矣！"管理者必须顺应事物的自然而悠游自适，寄托于不得已而蓄养心灵的和谐，才是最好的表现。

　　庄子所说的自然，重在"自"字。万物有其各自的性，必须自由发展，以求各得其所，千万不要添加人为的伪，否则便不自然。管理者主观上应该毫无要有作为的欲望，以部属的成就为自己的成就。但是，当客观上部属自动要求的时候，也应该不得已予以顺应。因为毫无辛酸、毫无苦涩的心情，完全是不得已的动，所以能够动而无不当。

　　孟子和庄子所处的时代，当然不如现代这么自由。人力的素质也远不及现代。现代人面对物质生活越获得改善、追求自由越趋强烈的情况，必须更加放手让部属发挥潜力，因此主管更需要无为而治，即非不得已，不亲自动手。任何动作，都是不得已而为之。

老子说："明王之治，功盖天下而似不自己。"管理者如果能够抱持"不得已"的心态，则功绩广布天下，也会看得好像与自己毫不相干。这种"不跟部属争功"的素养，正是无为而治的基础。管理者一心一意要立功，便会霸占所有表现的机会，力求自我表现，不给部属任何工作，结果团体的力量无从产生。管理者也可能尽量诱使部属工作，而把他们的功劳掠为己有，弄得同仁怨声载道，誓死下不为例，严重伤害了团体的士气。管理者越有为，同仁便越无为。

相反地，管理者并无立功的心意，可不为即不为，转而鼓励、支持部属有所作为，则部属成功的概率大，成功感也强烈，这才是越来越勤奋的主要诱因。

管理者"功成弗居""为而不有"，凡事"不得已"才为之，便是无为而治的现代化意义。

同仁不努力，管理者威胁（惩罚）、利诱（奖赏），实在没有太大的效果，而且也不可能持久有效。管理者必须有一套本领，使同仁能够自发自动地去努力，才能持久而有效。所以现代化的无为而治，应该是"人力自动化"的管理。

无为而治的现代化功能，就是让团体内的人员，都能够自发自动地去努力达到目标。自动化是现代管理的目标，但是到现在为止，只讲到生产自动化、程序自动化、办公室自动化，还没有哪一个国家讲到人力自动化。我们先哲的理想无为而治，却早已指明无为便是自动化，无为无不为则是人力自动化的具体效果。

现代人谈自由，最要紧的在于"把人当人"。管理现代化的主要课题是"让人自由自在地工作"。出发点在"把人当人"，原动力为"自动自发"，结果则是"自由自在地完成任务"。所以现代化的管理，必须以人性为基础，视人为人，完成人力自动化，即达成现代化的无为而治。

人力自动化并非一蹴可就，必须做一些准备工作，加强一些观念沟通。而最重要的，还在于主管是否真正了解无为，愿意无为。

无为而治是属于高层次的，只有先知先觉的管理者才能深明此理，而运用自如。如果无法忍受平凡，唯恐无为，实在无法提升管理的境界，更谈不上追求理想的"人力自动化"。

修身齐家，不忘立业

我国古人只是告诉我们，要齐家、治国、平天下，并未提及立业。如果我们站在管理哲学的立场，深入探究，那么就可以得出下述的推论。

人生的结局，说起来千奇百怪，各有不同的状况。然而归纳起来，人人都相同，那就是"不了了之"。

无论有多么大的成就，多么好的表现，到头来都是不了了之。谁也没有办法，把所有事情做完再离去。

但是，不了了之有两种完全不同的状态。一种是眼睁睁地不了了之，我们称之为死不瞑目。任何人处于这种结局，总是一种很大的遗憾。另一种则是闭着眼睛地不了了之，我们称之为心安理得。只要能够心安理得地告别人间，便是大家所告慰的好死。

我们把人生的目的界定为"求得好死"，并不是寄望于不生病而死，或者不受伤害而亡。凡是心安理得地死亡，就是一种好死，表示死得毫无愧怍，也没有悔恨。这种结局，堪称良性的不了了之，足慰平生。

咒骂他人不得好死，也就是诅咒其死不瞑目。如果不是十分怨恨，大概不致咒骂得这样恶毒。

人生的起点，又是什么呢？不能独立应该是比较客观的说法。一般动物生下来的时候，离开母体动一动，跑一跑，就能够独立生存下来。唯独人类诞生之后，必须相当小心地照顾，才能够存活。换句话说，初生婴儿不但毫无知识，连起码的生活自理能力都没有。想要像一般动物那样独立，简直不可能。

修、齐、治、平都要以德为本

西方管理所秉持的"竞争"原则，很容易导致一种功利的、拜金的管理观。我国思想，如《大学》所说："古之欲明明德于天下者，先治其国；欲治其国者，先齐其家；欲齐其家者，先修其身。"个人、家庭、企业、国家、天下，都有其共同的任务，那就是要发扬人类最高的文化，表现人类最高的道德。

《中庸》说："仁者，人也。"《孟子》则说："仁也者，人也。"人为宇宙万物之一，其所异于禽兽的地方虽然不多，而这极少的差异，却是人之所以成为万物之灵的特征。孟子说："人之所以异于禽兽者几希？"不过就是知仁、知义而已。所以《易经》说："立人之道，曰仁与义。"人也是一种动物，所以离不开兽性，人性很少。人类要进步，必须造就高尚的人格。如果人类要有高尚的人格，就要减少兽性，增加人性。孙中山先生认为人性的进化应该分成三个阶段，如图 1-3

所示。

兽性减少 ——→ 人性增多 ——→ 神性发生

图 1-3　人性进化三阶段

所谓兽性，是指人性中所含的动物性本能，原本无所谓善或恶。但在人类社会中，如果单纯依靠动物本能去行事，则人与人之间必然发生冲突，于是道德的规律便有其存在的必要。所谓减少兽性或消灭兽性，就是要使人性中的动物本能服从理智的指导，使其合乎道德的要求。人类在"竞争"之外，必须领悟生存"互助"的原理。孙中山先生说："唯人类则终有觉悟之希望。"可见能否觉悟，乃是人类与禽兽分界的问题，亦为人性进化的起点。至于神性的发生，就是指道德进步到极点。那样，人能修达至仁，必将无往而不自得，而直成其所以为"人"，即完成其人格。"仁者，人也"的"人"字，意味着"完人"，而寓"应然"（ought to be）于"实然"（to be）。孔子以"仁"为道德目的，实际上便是由"人应当如人"推论而来。

孙中山先生说："达尔文发明物种进化之物竞天择原则后，而学者多以为仁义道德皆属虚无，而竞争生存乃为实际。几欲以物种之原则，而施之于人类之进化。而不知此为人类已过之阶级，而人类今日之进化，已超出物种原则之上矣。"管理者如果"以物种的原则，施之于人类进化"，于是强取豪夺，强凌智诈，根本不把人当作人看待，哪里还谈得上"管理人性化"呢？

孟子所说的恻隐之心、羞恶之心、恭敬之心、是非之心，应该被管理者视为"应有的表现"。因为"道德仁义者，互助之用也"，管理者必须具有恻隐、羞恶、恭敬、是非的表现，才是心之"为用"，实施合乎人性的仁道管理。孔子以"仁"为全德，为他自己"一以贯之"之道。"仁"代表天地之心，也代表人心的德纲。超越竞争原则的仁道管理，才能显现人类最高的道德。

每一个人，就相当范围而言，都是"管理者"。《论语·颜渊》记载，齐景公向孔子请教治国的道理。孔子答以"君君，臣臣"后，又加上"父父，子子"。所谓"父父"，即做父亲的要明白做父亲的道理，要做父亲所应该做的事情。因为在家庭中，父母就是管理者，应善尽家长的责任。

中国传统管理，依安人范围的大小，区分为"齐家、治国、平天下"。"齐家"就是"家庭管理"，"治国"就是"行政管理"，而"平天下"则是"教化管理"。现代社会特别重视职业生活，不妨把以往"齐家"范围内的成家立业划分开来，"齐家"之后，增加一项"立业"，亦即"企业管理"，如图1-4所示。

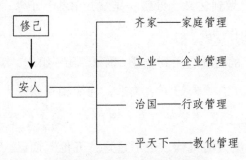

图1-4　安人的不同范围

儒家"天下一家"的理想，从家庭开始，实行尊重秩序的"家长制度"，逐渐推广到宗族、乡党、企业、国家，乃至于天下。父亲是一家之长，为最高权威，但他必须以"为父难"为戒，体会到父亲的艰难与责任的重大；而且要明白"天下无不是之父母"的真义，在于"天下的父母都是人，都可能犯错，只是子女有所不便，不敢明白说出来"。

家长不能自以为对子女的所言所行无一不是，子女不得有所违背与抗拒；却应该时时自省，所言所行是否有悖于伦理。儒家伦理特别重视个人对家庭的责任，然而重视家庭并非就是忽视个人，孔子伦理重视家庭的目的，其实即在实现个人，亦即实现个人的人性或仁心、仁性。因为每一个人的仁心、仁性，其最直接的发源地就是家庭。人既由家庭获得人性，亦悉由父母所生，所以在家庭中善尽孝悌的责任，便可以培养与发展人性。可见重点仍在个人，并不在家庭。

儒家的家庭意识，绝非自限于私的生物本能，为满足个人的声色货利动机而成立，亦不为人类自私的权力意志所控制，乃依人的仁心与公心而建立。家里人与人的关系，不论父子、夫妇、兄弟，都应该尽自己的义务，做到父义、母慈、兄友、弟恭、子孝。有礼有义，秩序井然，才能叫作"齐"。

把"齐家"的道理应用到企业、国家，凡一组织，其上下（父子）、前后（兄弟）、左右（夫妇）诸关系，均能相互亲爱，则此一组织必富有团结力。孟子说："父子有亲、君臣有义、夫妇有别、长幼有序、朋友有信。"再庞大的机构，也不过这"五伦"而已。假若大家都能够切实按照正道去实行，则社会自然太平，天下也会统一成为一家。这才是人类文化的最高境界，中国管理哲学的可贵亦在于此。

传统社会齐、治、平都是立业的外在表现

人生就是从不能独立走向不了了之的历程。从这一角度来看，人人都一样，并无不同。

人要活下去，样样都需要学习，而且学习的范围十分广泛，学习的时期也扩大到终生。学习什么呢？学习好好生活，活得体面，而且活得有情。

活得体面而且有情，就应该修身，也就是修治自己。

修治自己，要表现在齐家、治国、平天下的项目上，以求安人，才能够确保修己的效果，使自己得以心安理得地死去，不致心有悔恨而死不瞑目。

那么，立业的位置在什么地方？难道职业生活并不重要？事业的奋斗与志业的追求，也都无关紧要？

古代农业社会，人们但求自给自足，并没有什么就业、创业的念头。所谓事业，应该是治国、平天下的某些表现。这一切活动，实际上都是为了修治自己。不过是通过齐家、治国、平天下的过程来完成自我修治罢了。

所以《大学》指出："自天子以至于庶人，壹是皆以修身为本。"如果不能够修身而乱掉根本，还想齐家、治国、平天下，那是不可能的事情。

链　接

> **原文：**自天子以至于庶人，壹是皆以修身为本。
>
> **主旨：**说明无论管理者还是被管理者，都应该以修身为本。
>
> **解析：**管理者和被管理者，都应该先把自己修治成为一个不肯为恶的人，然后以不肯为恶的心态来管理他人或者接受管理，这样才可能修己安人，达到修、齐、治、平的大目标。

现代社会立业更离不开修、齐、治、平

现代工业社会，职业生活显得十分重要。把往昔齐家范围内的成家立业分开，划分成齐家和立业两个部分，如图 1-5 所示，比较符合实际情况。

企业管理刚开始的时候，吸收原有的修、齐、治、平的道理，谨慎地追求合乎义利，至少保持义利并重的精神。企业人员也明白生产、经济体制不过是人类社会的一部分，必须和其他方面配合。但是经济越来越发达，企业越来越发展之后，企业管理竟然渐渐凌驾于修、齐、治、平之上，甚至到了反制修、齐、治、平的地步。

大家忘记了经济应该为文化、教育、政治服务的道理，反而使经济挂帅，把企业管理放到绝对优先的地位。政府机构，甚至引进企业管理，让某些企业从业人员大言不惭地引导政府再造，实在是很大的

错误。

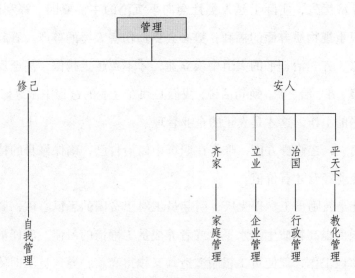

图 1-5　现代化的管理范围

　　修、齐、治、平的一贯大道，核心精神在尊重人的生命。不但把本地区的人放在首位，而且要将地球上所有的人作为一个整体来看待。时至今日，更应该扩大视野，把宇宙中的所有生灵，都当作整体来对待。

　　人类固然为万物之灵，但也应该认识到人类不过是宇宙生灵的一小部分。管理决策，必须从全宇宙的生灵出发，做整体的考虑。老子说："天之道，损有余而补不足。人之道，则不然，损不足以奉有余。"天道指自然的规律，达尔文从人的角度，发现"弱肉强食"的现象，却不能站在全宇宙的立场，体悟"减少有余，补充不足"的天理。

　　人类只知道发展科技来征服自然，却不顾其他生灵的存亡。自然的规律，就会在人有余而其他生灵不足的情况下，以天灾来伤害人类。

这是达尔文进化论未能触及的部分，也是企业管理忽视的内容。

经济优先，实际上是人类社会向下沉沦的主要原因。福利国家，如果只重视物质方面的福利，势必会更加伤害人类的尊严。看起来只有在修、齐、治、平的大道中谈立业，才不致越走越偏，甚至反过来妨碍修、齐、治、平。换句话说，我们必须在立业的过程中做好修、齐、治、平的工作，这才是真正的企业管理。

第一，在修身方面，唯有在职场中修治自己，确保修身的持续进展，企业经营才有价值。

凡是鼓励员工贪得无厌，引起员工对于贫困的恐惧心理，刺激员工无限度提高物质生活水平，或者养成员工懒惰的习惯，放任员工毫无效率地工作，促使员工粗制滥造却又领得高薪，导致员工即使失业也无所谓，逼迫员工觉得人生乏味的，都不是良好的职场。

员工教育训谏，不应该完全以提高生产力、激发竞争心为主旨。最好能够通过艺术、道德、宗教等文化活动，把充实精神、提高智能放在第一位，而将物质生活放在第二位，进而解决劳动积极性的降低、人类价值感的丧失，以及不劳而获的不正当诉求等问题，以期员工不致因错误指引妨害自我修治。

第二，在齐家方面，应该兼顾员工的家庭生活，促使其家庭和乐、教养有成。职场生活不但不应该影响家庭的正常生活，还应该有助于家庭的正常发展。

事实上，立业的主要目的在养家，但是养家的主要目的是齐家。全家人和睦相处，生活美满，教养子女有方，各有所成，养育这样的家庭，自然心安理得。若是终日为事业奔忙，早出晚归，弄得子女游手好闲，不务正业，或者行为不端，惹是生非，事业再有成就，又有何用？为了事业，损失了家庭，值得吗？

第三，在治国方面，必须以富国为目的，并维持社会俭朴的风俗，避免经济犯罪行为，坚持正当途径，配合政府的政策，并进一步捐献所得，以补国富。

企业经营需要安定的社会秩序、优良的投资环境、有效的经济活动及便利的公共设施。政府要善尽这些功能，有赖于企业的依法缴税、诚心捐献或者爱心协助。经营者除了发展事业本身之外，对社会公益、文化建设、伦理建设、心理建设等，都应该尽力参与或赞助，使国家日趋富强，将安人的范围扩展到国家。

政府不应该把国民生产总值（Gross National Product，GNP）当作国家现代化或经济发展的绝对指针，以免误导百姓重视国民平均收入而忽视人的劳动条件，或者任意污染、破坏自然环境，最后反过来危害自己的国家。

如果事业的发展，需要伤害员工的身心品德，破坏家庭的和谐愉快，造成社会的动荡，损害国家的名誉形象，这种事业，显然成为治国的严重障碍。然而如果企业经营只顾提高绩效，不顾同行存亡；只顾繁荣富裕，不顾影响社会风气；只顾股票升值，不顾扭曲人们的价值观，那么，不但损耗国力，而且损害国家，岂是企业经营者所应为？

最后，在乎天下方面，应该以宇宙全体生灵为对象，提高全世界的生活水平，寻求世界性的经济稳定，而不单以国内经济发展为要务。

自由竞争的结果，造成少数富有的国家不断消耗地球上有限的宝贵资源。而多数贫穷国家，为了追求经济发展，不惜牺牲百姓幸福以及自然环境。

富有的国家，为求保持强势，往往极力增强武力，使世界动荡不安。而贫穷的国家，却又不由自主地掀起一切向钱看的不良风气。企业越发达，世界越不平；世界越不平，人类越不幸福。这还会影响到其他生灵也不得安宁，掀起大自然的反扑，威胁人类的生存。

由此可见，事业的发展，若是不能达到平天下的境地，恐怕事业越发展，负面效果也将越明显。虽然不容易达成，却也不能轻易放弃这个目标。

基于上述内容，我国古代先贤并未将立业列为一个项目，用意在提醒就业、创业、成业的人，必须在奋斗的过程中力求修、齐、治、平，以免造成不良的后遗症，害己害人。

事业是一种手段，也是一种过程，其本身并不是目的。任何事业，都应该配合修、齐、治、平来进行。凡是不利于或无助于修、齐、治、平的事业，实际上根本不需要创立和发展。

02

管理的最终目的是安人

管理始于修己，终于安人

管理者重视"修己"，《中庸》说："或生而知之，或学而知之，或困而知之，及其知之，一也；或安而行之，或利而行之，或勉强而行之，及其成功，一也。"生知安行的人，先天的要件已足，只要"自诚明"，把原有的德性加以扩充，由"慎独""温故"的功夫，加"敦厚"的修养，便能达到广大高明的境界。至于学知力行或困知勉强而行的人，天资虽嫌不足，也可以"自明诚"，一方面多多向他人请教而"知新"，一方面决心"崇礼"，只要遵道而行，不半途而废，亦可到达"明"与"强"的地步。

如果管理者不从修己着眼，却要依照意志他律而行，那么他所需要的智识，很显然是不足的。就算他肯处处虚心请教专家，也需要用智能来判断、取舍和决定。管理者绝非万能，怎么能够以自己拥有的一些知识来判断追随者的智慧呢？有时反而"气死专家"，岂非冤哉枉也？西方管理者多半重视追随者的"工作能力"与"工作意愿"，就没有想到不忠诚的人，其能力越强、意愿越高，后果将越不堪设想。我国管理者大多注意追随者的忠诚与肯干，而两者都与个人的"修己"密切相关，越忠诚越肯干的人，越重视修己，其效果必然越好。

不修己无以安人

管理者修己、正己，又何以保证追随者必定也修己、正己，并且好好地尽一己之力为组织目标而奋斗呢？这就有赖于"安人"。中国人十分讲究心安则为之，追随者果能安居乐业而又身安心乐，没有不恪尽职守，忠心耿耿的。可见修己、安人是互为因果的。

要把国家治理好，必须先把自己的家族安顿好。要安顿好自己的家族，必须先把自己的"身""修"好。换句话说，若要天下太平，每一个国家都必须站在平天下的立场来治国，每一个家族都必须站在治国的立场来齐家，而每一个人都必须站在齐家的立场来修身。

家庭、企业、国家或天下，都是多种生命的共同体。个体或集体、人员或环境，无时不在变动。管理者与追随者身处其中，虽可执中以应变，而动时必有摩擦，甚至难免有所冲突。必须分别自动调整，以达共生、共存、共进化之效。所以《大学》说："自天子以至于庶人，壹是皆以修身为本。"也就是说，管理者与追随者，都应该修己。

我国伦理，以孝为中心。人的一举一动，凡是不合伦理的，都成了不孝；合于伦理，则为孝。孝包括了一切的善德，如何尽孝？古来圣贤指示得很多，而且有一部《孝经》，大家奉为最高的准绳。伦理的"伦"，原是人伦的略称，亦即人事方面的相对关系。父子各为相对关系的一方，各有其应尽的责任。双方各尽所能、各守所守，也就是父慈子孝，家庭和睦，才有天伦之乐。孔子倡导"父父，子子"，原系双方并责，不偏责一方。但是天下父母心，除了极少数之外，总归是爱子女的。所以在齐家方面，我们一方面要求家长尽责，注重家庭教育，另一方面则更加要求子女尽孝。孟子说："不得乎亲，不可以为人；不顺乎亲，不可以为子。"又说："事孰为大？事亲为大。"在家庭中的修己，我们比较偏重在子女这一方面，是有道理的。

企业或国家机构中的成员，绝大部分都受过孝道的陶冶。如果能够推己及人，拿事亲的道理来侍奉长上，则很容易做到。不过企业或组织的长上，毕竟不是自己的父母，未必能慈。我们唯恐部属愚忠，所以孟子特别提示"事君的义不要顺"，并且他告诉邹穆公说："君行仁政，斯民亲其上，死其长矣。"这种"必待上先施仁，而后回仁"的"居上先施律"，正是我们特别重视管理者修己的依据。

《中庸》说："知所以修身，则知所以治人；知所以治人，则知所以治天下国家矣。"然而，修身究竟应该根据什么原则，而又从哪里入手呢？《中庸》说："修身以道。"管理者要以共生、共存、共进化的原则修己，必须实践《大学》之道，致力于格物、致知、诚意、正心。

格物的"格"字，是"彻底研究清楚"的意思，"物"含有事与物，"格物"就是彻底研究事物之理，亦即朱子所说的"即物而穷其理"。管理者从自然科学开始，由格物而获得系统的学问。然后各种人文、社会、伦理道德，一旦豁然贯通，知识无所不极尽，即为"致知"。但是，现代知识爆炸，管理者自知所识有限，唯恐"天下多得一察焉以自好"，始终未敢自以为是，因而意念真实无妄，希望能够由自己的"一端"，推广、扩充到全体，以收"致曲"（推转偏于一面的片面道理）之效，这就是"诚意"。意念真实无妄，既不欺人，亦不自欺，则主宰一身的心自然就端正了，身也就修好了。真正可以"所系正大"，来从事合理的决策，善尽管理者的责任。

仁道管理，本乎管理者爱的天性，由于爱而自爱、爱人，达到成己、成物之德。爱既为天性，则发之于内。如果格物、致知，由于修习而得之于外。此时内发的爱，经外得的知识指导而成其仁，所以说："合内外之道也。"管理者自发的爱，获得知识的指导，无论其对人对事，皆能适时适当，恰到好处，所以说："时措之宜也。"合仁与知，则管理者"明明德"而得其宜，这种良好的修己，正是管理的起点，如图 2-1 所示。

图 2-1　修己是管理的起点

明儒来知德在所著《大学古本序》中说："大学之道，修身尽之矣。修身之要，格物尽之矣。"孙中山先生告诉我们"正心、诚意、修身、齐家的道理，本属于道德的范围，今天要把它放在知识范围来讲，才是适当"，便是将知识和道德打成一片，熔人生哲学与管理哲学为一炉，以作为德治不断进取开展的根基。

所以说，任何一个人都必须以修身为本，然后按部就班，由齐家而治国，由治国而平天下。一步一步向外推进，才合乎本末先后的次序。

　　要管理别人，必先管好自己。管好自己是根本，自己管不好，却要管别人，基本上是不可能的。把切近的修身、齐家看得不重要，却把高远的治国、平天下看得十分要紧，这是不合乎道理的事情。

　　要成为良好的管理者，必须先学习怎样做好被管理者。只有先成为良好的部属，才有可能成为良好的上司。所以修己安人是每一个人都应该全力以赴的事情。管理要力求生活化，大家在日常生活中都应该重视管理。只要人人注重管理，时时讲求管理，修、齐、治、平自然会顺利完成。

修德

　　管理是修己安人的历程，包容了知和德，而以德性优先。知识可以利人，亦可以害人；德性则只能利人，不能够害人。管理者必须以德控知，用德性来判断知识，才能把握生命的可贵，而不致残生害性。

　　中国管理哲学，首先重德，认为管理者必须树立明确的道德观念。因为德性是操之在我的，"我欲仁，斯仁至矣"。管理的知识并不是不重要，而是既多又杂，永远学不完。庄子说："我们的生命是有限的，而知识是无限的。以有限的生命，去追求无限的知识，就会弄得疲惫不堪。"（吾生也有涯，而知也无涯。以有涯随无涯，殆已！）

　　管理者无法学到所有的管理知识，势必把所学到的一部分知识强调得无以复加，认为再好不过，形成"天下的人各执一端以自耀"之势。于是"X 理论""Y 理论""Z 理论"纷纷出炉。企业文化刚刚肯定"英雄人物是公司最重要的要素"，指出"英雄主义是被现代化管理所遗忘的领导要项"，"追求卓越的管理"马上描述"管理人员由于英雄作风只能达到平凡的绩效"，并推出"超英雄领导模式"，要求领导者不要殚精竭虑，靠一己之力承担一切。学生产的强调生产管理的重要性，学市场的认为时代已经迈入市场导向时代，学会计的则闷声不响地把预算控制捧得高高在上。

墨子说："一个人有一种道理，十个人就有十种道理，一百个人就有一百种道理，一千个人就有一千种道理。等到人数多得数不清，那么他们所说的道理，也就多得数不清了。"探讨管理智识很麻烦、复杂，倒不如提升一个层次，从德性的修养入手，反而简易、可靠得多。

孔子主张"为政以德"，有人把它解释为"通过道德来管理"，这显然很不合适。什么叫道德？不说还好，越说越觉得一头雾水，实在很难说明白、听清楚。而且凭借道德，又怎么能够管理，岂非空话而不切实际？

"为政以德"，孔子的本意应该是"为政者自身，应该具备良好的品德修养"。管理者自己的品德修养良好，主要表现在爱人。我们常说的安人之道，便是具体的爱人措施。这些措施，通常会以制度的方式来呈现。

制定安人的制度，很可能出于爱心。以"己所不欲，勿施于人"的心态，秉持"对员工好，便是对公司好"的态度来制定合理的规定。管理者有德，制定出来的制度，通常更加人性化。而管理者无德，那就防弊重于兴利，深信员工占公司的便宜，处处加以设防。如果管理者有才无德，则虐待的气氛浓厚，随时可见了。

《大学》说，居上位者不可以用那些令人不满的态度来对待部属，部属也不该用那些令人不满的不良态度来对待居上位者。凡是在前面的人，不可以用那些令人不满的不好态度来对待后面的人；凡是在后面的人，也不可以用那些令人不满的不良态度来对待前面的人。左边对右边，右边对左边，也是同样的道理。这种将心比心、设身处地站在对方的立场来考虑问题的方式，实在可以补制度的不足。若是制度加上恕道，岂非更加妥善？

在管理上，西方重视制度，我国则重视恕道。然而中外一切管理，平心而论，无一不求修己，也无一不求安人。否则目标势必落空，成果吉凶也属未可料定。举凡家庭、企业、行政及教化等管理，均以自我管理为基础。自我管理即修己，是管理者与追随者共同的根本所在。

致知

修身虽然以德行为先，但修身的先决条件是正心、诚意。正心、诚意之前，最好先格物、致知，用求得的知识指导自己的感情，使理智与感情平衡，这才是真正的修身。

按照《大学》所讲的八条目——"格物、致知、诚意、正心、修身、齐家、治国、平天下"，管理者应该从"格物"开始，彻底把事物的道理研究清楚，达到真正有所认识，并非一知半解的地步，便是"致知"；所知既然透彻，则信之笃，执之固，同时既不欺人，亦不自欺，即已"诚意"；既然信之笃，执之固，则心无旁骛，志归于一，而无所偏倚，便能"正心"；心是身的主宰，心正则言行随之俱正，这样就叫作"修身"。以上五端，都是"成己"的功夫。管理者真正关爱追随者，必须切实从"成己"做起，因为"成己，仁也"，唯仁者爱人必以其道，才能使追随者亦有所成立。所以《中庸》说："成物，知也。"管理者具备相当的智慧，才能逐步由"齐家""立业""治国""平天下"以"成物"。

但是，这些"得之于外"的见识，必须有赖于"发之自内"的智能来加以判断和运用。"合内外之道"，才能够管理得恰到好处，获得"时措之宜"。

管理者要明辨是非，必须重视格物致知。《大学》里说："所谓致知在格物者，言欲致吾之知，在即物而穷其理也。盖人心之灵，莫不有知，而天下之物，莫不有理，唯于理有未穷，故其知有不尽也。是以《大学》始教，必使学者即凡天下之物，莫不因其已知之理而益穷之，以求至乎其极。至于用力之久，而一旦豁然贯通焉，则众物之表里精粗无不到，而吾心之全体大用无不明矣。此谓物格，此谓知之至也。"就是说，致知在格物的意思，是想要把知识推广到极点，就必须将每一件事的道理都拿来追根究底，找出真正的性理。因为我们人类的心灵具有认知的能力，而宇宙间的万事万物，都有其自然运作的性理。只是我们对于事物的道理，并没有研究得十分透彻，所以我们的知识就不能达到无所不尽的地步。

管理的根本在于明辨是非。但是世间的是非，原本十分难明，必须下功夫去格物致知，就各种事物的道理，下一番穷根究底的钻研，务求形状、性质各方面都能够彻底了解，才能够养成慎断是非的习惯，培养判断是非的能力。天下万事万物，不可能逐一加以深究。但道理毕竟是相通的，只要用心专一，必能豁然贯通，真正有所了悟。那时候由通而专，再由专而通，便是抓住了物格而后知至的要领。

安人方能得天下

管理是修己安人的历程，管理者先把自己修养好了，再去安定员工，使他们身安心乐，而又安居乐业。这样的管理，看似简单，实际上并不容易。

管理的目的为什么在安人呢？

"安"是人生的根本要求

心理学家陈大齐先生考察人的一生，自出生以至死亡，可谓无时无刻不在求安。他说："婴儿呱呱坠地的第一声，正在诉说环境剧变所带来的不安。其后肚子饿了则啼哭，尿布湿了则啼哭，这些啼哭又都在表示对于不安的抗争。出生后数月，能于熟识与陌生之间有所分别，则啼哭挣扎以拒绝陌生人的抱持，因为把陌生视作危险的讯号。成年人的求安心理，亦时时处处流露于各种言行之中。早上相见，则各道早安，以互祝整日的安宁；晚间告别，则各道晚安，以互祝整夜的安宁。求神拜佛，小则为一己的福佑，大则为家宅的平安。宗教团体举行盛大的法会，亦在祈求国家乃至世界的太平。从事某一职业，兢兢业业，不敢怠慢，无非因其有助于维持一家的生活安宁。平时节衣缩食，尽量储蓄，不敢浪费，亦无非因其足为老来生活无忧的保障。再向大处看，则政治、法律等措施，又无非以消弭纷扰、维护安宁为职责。总而言之，小至个人，大至国家，其所作所为，只要是正当的，可说无一不指向人生的安宁，无一不反映着人生谋求安宁的迫切。所以人生安宁之为根本要求，是信而有征，不是凭空臆断。"

　　依陈先生的研究，人生的根本要求，可用一个"安"字来表示。但他认为"安"字是一个单音字，用以说话行文，可能感觉不如复音词方便，所以加上一个"宁"字。"安""宁"是同义字，把"安"说成"安宁"，不过是为了说话行文的方便。

　　行为科学研究者致力于了解人类的本性与行为，肯定人类乃为满足需要或追求目标而忙。于是美国人本主义心理学家亚伯拉罕·马斯洛（Abraham Maslow）的"人类动机诱导论"把人类的需求，按其发生顺序或优势先后，分成五个阶层，称为"需求的层次"，依次为生理需求、安全需求、归属感及爱的需求、尊重的需求以及自我实现的需求。并且宣称人们必须等待较低层级的需求获得了基本的满足之后，才能够提升到另一个层级。

　　第一层，生理需求——为维持生命所必需的，包括衣、食、住、行等项。米珠薪桂，三餐不继，即为饥饿的不安。天寒地冻，衣衫单薄，此系寒冻的不安。住屋危险，或居无定所，便是居住的不安。交通不便，或车祸频繁，就是行走的不安。身患疾病，或久病不愈，即为病患的不安。

第二层，安全需求——生理需求获得基本满足之后，安全需求便接踵而至。包括不受物理危险的侵害，经济的保障，以及期望有秩序而又可预知的环境等项。发生火灾，慌忙逃避，类似的紧急情况，必定引起慌乱的不安。今日衣食尚称温饱，以后不知如何；世界动荡，人心思乱，未来环境不可预测，亦将导致忧愁的不安。

第三层，归属感及爱的需求——生理需求和安全需求得到基本满足之后，又将面临社会的需求，包括付出与接受友谊和情谊。至亲好友，久未通信，心中不免挂念；约期聚晤，而杂务缠身，深恐不能如愿，属于牵挂的不安。同业竞争，备受排挤，产生孤寂的不安，这些都属于归属感及爱的需求。

第四层，尊重的需求——归属感及爱的需求初步满足，便进而要求自己的重要性受到世人的肯定，此即尊重的需求。自己不感觉自己有何重要，谓之自卑的不安。自认重要而不能获得他人的认可，称为苦闷的不安。虚有其名，毫无实权，便容易导致空虚的不安。

第五层，自我实现的需求——自尊获得他人的肯定，确认不是孤芳自赏之后，便希望有所成就，以满足自我实现的需求。经营事业，他人成功而我失败，产生嫉妒的不安。原本蒸蒸日上的业绩，忽然一落千丈，而且讨救无方，亦将心生悲伤的不安。原本多方尝试，仍然没有把握；小心翼翼，还是未操胜券，则属于恐惧的不安。

这些需求，起因于诸多的不安。而种种不安，归纳起来，不外源自忧愁与恐惧。孔子说："君子不忧不惧。"管理者要求安人，应该尽力使员工处于无忧无惧的状态。

管理者如果认同马斯洛的需求层次理论，就不会断然以利润、责任、绩效或安全作为管理的目的。因为管理者和追随者都是人，任何一个层级的需求都不可能适合所有人。在利润、责任、绩效或安全之上，应该还有更高层级的目的，这样才能够满足彼此不同的要求。

马斯洛的五个需求层次，可以用孔子所说的安人来加以囊括。"安人"，就是使与我接触的人莫不得到安宁；如果范围扩大到"安百姓"，那就是使全体老百姓统统获得安宁。虽然圣如尧舜，犹恐不能完全做到。安人的范围有小有大，但是不论管理的辖度如何，其以安人为最终目的，则是不分轩轾的。

孔子指出，"为政以德，譬如北辰，居其所而众星共之。"管理应该"以德"，最好"道之以德，齐之以礼"，使组织成员都能够"有耻且格"。"格"就是"正"的意思，孔子的管理哲学以"正"为起点。任何组织都应该首先建立制度，调整上下成员的权利与义务，以求"正名"，做到"君君，臣臣"。

但是，孔子如果仅止于此阶段，则不过是封建的后卫，未必能获得"贤于尧舜"的地位。孔子说："道之以政，齐之以刑，民免而无耻。"对于那些"德所不能化，礼所不能治"的少数人，我们固然不得不动用刑罚，遏止其恶行，以维持团体的秩序，但是也应该判断这种刑罚的结果，虽然得以暂时抑制其恶行而苟免于罪，但若其恬不知耻，恶行难免乘机窃发。因此不废刑罚，只能算是正名的治标工具，必须进一步提倡教化，以使成员悦服。

孔子理想中的管理，乃是"近者悦，远者来"的境界，即组织成员都能够"既来之，则安之"，获得他们心目中所向往的安宁。安宁之后自然喜悦，所以孔子的管理哲学以"安人"为管理的最终目的。

员工安，才会忠诚、肯干

任何机构，对于成员的要求，不外乎忠诚与肯干。教育普及只能促使成员能干（人有其才），而不能肯定成员是否肯干（人尽其才），因此还需要良好的管理，否则成员徒然拥有优异的才能，也未必肯充分发挥。

肯干的人，如果缺乏忠诚，对于机构的危害，远较那些不能干、不肯干的成员为大。因为不能干的人，即使存心为害，由于能力的限制，其害不可能大；不肯干的人，在机构内通常不容易获得上级的信赖，不可能担当真正重要的工作，也就不能够深入了解，不易击中要害。唯有能干又肯干的人，才比较有机会假冒忠诚，造成"所谓忠不忠，所谓贤不贤"的假象。一旦为非作歹，兴风作浪，那才真是够你受的。这就是中国人把选拔人才的标准定为"第一等：有德有才；第二等：有德无才；第三等：无德无才；第四等：无德有才"的缘故，如图 2-2 所示。

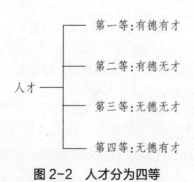

图 2-2　人才分为四等

许多人尽管无才，却凭着品德良好而居于高位，可见忠诚深受重视。成员对于机构的忠诚，甚至于对机构负责人的忠诚，时至今日，仍然是大多数中国管理者特别关心的内容。

成员的忠诚，显示在促成同心、增强向心、坚定信心、引发忠心。员工的肯干，表现在发挥潜力、产生合力、提高群力、提升能力。这两者结合起来，便是不断提升的生产力，是所有机构共同追求的目标，如图 2-3 所示。

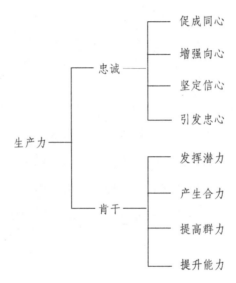

图 2-3　生产力两大支柱

我们不妨从反面来考察：员工不安，他能肯干吗？员工不安，他能忠诚吗？

新进员工，没有不肯干的（能不能干，是另一回事）。员工一直肯干，当然最好不过；若是忽然变得不肯干，这当中一定有原因，最好不要片面加以指责，认为所有罪过都应该由员工来承担；更不要动"法"的念头，想来威胁、压迫。老子提醒我们"人们渴望安定，却得不到安定"，孔子引导我们用"患不安"的角度来了解问题，如图

2-4 所示。

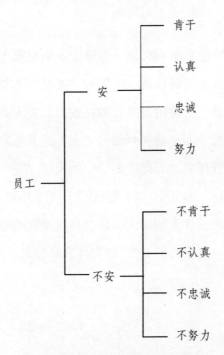

图 2-4　患不安的检定方法

　　员工不肯干的主要原因即在不安。通常我们所采取的措施，只会更增加其不安，结果使员工更加不肯干。这种"恶性循环"，我国先哲早已论及，我们岂能掉以轻心！

　　再说忠诚，员工初来乍到，很少有不忠诚的（极少数的谍报人员，另当别论）。不过时间一久，便有经得起考验的，亦有经不起考验的，形成有忠有不忠。而"忠"之中，又有"真忠"与"伪忠"。我们也不妨深入了解其成因，当能体会孔子所说的"安无倾"的道理。机构之内，唯恐上下不能相安，能够相安就不会有倾覆的现象。不明事理的管理者，常常运用许多并不光明正大的手段来监督和逼迫员工，希望维持其忠诚。殊不知这些手段只会带来更多的不安，使员工愈发不能忠诚，也不愿忠诚。

成员能安，即能肯干而忠诚，亦即能不断提高生产力，使聚讼纷纭、长久以来始终不得解决的"人"与"业绩"之间的难题获得根本的解决。果真如此，管理的最终目的在安人，应无疑义。但是，何以员工能安，即能肯干而忠诚呢？因为"安"是人生的根本要求，不独员工有此需要，管理者亦有此需要。中国人的"安"字，包含了马斯洛"需求层次理论"的五个"需求层次"。无论生理需求、安全需求、归属感及爱的需求、尊重的需求，以及自我实现的需求，都在讲人们逐渐提升到更高一层级的"安"，能安即满足需求，当然肯干而忠诚，如图 2-5 所示。

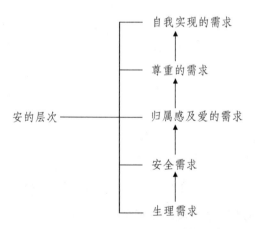

图 2-5　安的五个层级

在"安人"的大前提之下，我们才能够不贪图暴利、邪利、近利，以免造成不安；才不会一味强求绩效，以免大家只顾眼前利益而影响未来的发展，导致将来不安；才不致鼓励成员以"愚忠"的心态来恪尽职守，因为万一决策错误，越尽责其结果就越可怕；也不敢贪图安逸，过分讲求安全、推三阻四，以免忽视了敏事、慎研及就正有道，以致招来更大的不安。

　　企业管理如果强调"利润"，不妨问问自己："假如利润带来的是不安，还敢要吗？"行政管理通常标榜"绩效"，亦可思考："若是绩效甚高，而后果十分不安，又将如何？"恐怕答案都是否定的。人生的根本要求是安宁，管理须以安人为其最终目的，一切分目标无不包括在内。

安人的方法要随时空而改变

安人应因地因时而制宜

不忧不惧，并不是不闻不问、不思不虑，以使心内无所忧惧，因为这种不忧不惧（不去忧虑，也不恐惧）只能带来虚伪的安人，绝非真实的安人。不安的状况，就是可忧可惧的事实。丝毫不变，即漠然无动于衷的不忧不惧，只会使原来的不安继续滋长，甚至衍生其他的不安。不忧不惧，应该是排除了不安的情境，使员工无可忧无可惧，即"用不着忧，也用不着惧"。然而时间、空间的因素，会使得此时此地的无可忧无可惧变成可忧可惧，也可能使得原本深为忧惧的成为无可忧惧。时间、空间有所变动，事情的状况就会跟着有所改变。

所以安人的方法，必须随着时空的变迁，做适当的调整，即视所忧所惧的情况，而求制宜。

例如生产部门与销售部门平日偶有意见不合，只要彼此能够协调解决，相安无事，总经理就应该装作不知。切忌摆出法官姿态，让双方当面对质，以辨孰是孰非，这样便是制造不安。但是假装不知道，并不是真的不知道，还要暗中设法消除两部门相争的根源。此时务必充分顾虑有关人员的面子，以免引发其他的不安。能解决纷争却带来严重的后遗症，不过是以制造问题的手段来解决问题。唯有化问题于无形，才是合理的解决，因为它不致再度制造不安。至于非常时期，举凡生产、销售部门之间的争执，足以导致机构整体的不安的，总经理必须挺身而出，审慎处理，以求得团体的安。事实上，这就是管理上"例外原理"的应用。

孔子说："中人以上，可以语上也；中人以下，不可以语上也。"又说："生而知之者上也，学而知之者次也，困而学之又其次也。困而不学，民斯为下矣。"人有智愚之分，而且又是"唯上知与下愚不移"的。这智愚之间，安的要求固属于一致，而安的程度与历程各有不同，必须采用各种适合的方法来求得其安。例如从事研究发展工作的人员，通常不愿意受上下班时间的束缚，这些人员也许深夜不归，或许迟到早退，如果强求一致，可能会引起不安。这时采用弹性上班时间，反而彼此相安，效果更佳。至于生产线上的员工，属于整体作业性质，假若不能行动划一，势必影响生产的进行，当然以同时聚散为宜。

对于品性良好、勤劳负责的员工，要加以鼓励和嘉勉，他才能安。对于偶尔犯错的人员，应该耐心了解其原因，让他获得补过的机会，因为"人非圣贤，孰能无过"。有些老板常常会怀疑从未犯错的员工是典型的"混世主义者"。他们欢迎员工尽量犯错，从错误中获取经验，相对地肯定"错误成本"的必要性，也是促使员工敢于有所作为、有所尝试的一种安人的措施。不过孔子虽然勉励犯错的人要"过则勿惮改"，却也不免感叹地说："已矣乎！吾未见能见其过，而内自讼者也。"

培养员工自我反省，仿效颜回"不贰过"的精神，无论对个人、对团体来说，都是迈向不忧不惧的最佳保证。至于少数死不认错的员工，应该先给予适当的规劝和辅导，如果他不能接受，可以发动同仁之间的影响力，即"舆论的制裁"，用孔子所说"非吾徒也，小子鸣鼓而攻之可也"的态度，让他在"同侪压力"下知错悔改。假若再无效果，只好怀着"挥泪斩马谡"的心情，予以解雇。因为此君一日不离开，组织一日不得安宁，果真在这种条件下忍痛让员工走人，亦是安人的正确方法。

庄子说："泉水干了，水里的鱼都困在陆地上，互相吐着涎沫湿润对方，倒不如大家在江湖里不互相照顾的好。"我们不如这样想：困在陆地上的鱼，必须互相照顾，哪怕是吐着涎沫湿润对方，也比互相不理睬，一味等死的好；但是鱼在江湖之中，彼此都有足够的水，当然可以尽情玩耍，这时如果再要吐涎沫给其他的鱼，反倒惹得对方讨厌。有时如此，有时却有不同的想法，因时制宜，这就是安人的变化原则。

安人无常法

管理要求安人，而安人是没有固定的方法可以遵循的。正是由于方法不加以固定，所以任何方法，只要用对了，都可以获得安人的效果。

作为松下创始人的松下幸之助一直强调，管理者和被管理者都是人，顾客以及所有有关系来往的也全是人。他把管理视同人类互相依赖，而为了人类的幸福所进行的活动。他清楚人有伟大坚强的一面，也有渺小懦弱的一面。现代人类固然建设了高度的文明，过着高水平的生活，却也不可避免地经常会发生烦恼、争吵，以及一些不幸的事件。他自己也有情绪的起伏变化，平时就像菩萨一般和颜悦色；一旦发起火来，表情恐怖，又和恶鬼十分相似。但是松下幸之助每次发火之后，都有妥善的"救火、熄火、灭火"措施，以治愈"被火灼伤"的部属。可见安人的方法是"无中有路"的，唯其来去自由，所以不容固执。事实上，这正是"没有一成不变的，可以通用于所有机构的管理法则"的道理。

但是，没有方法可循，并非没有方法，而是指没有特定的方法。孔子说："内省不疚，夫何忧何惧？"管理者和被管理者如果自我反省，没有愧疚，那就是真正的安人。怎样才能"内省不疚"呢？《中庸》说："君子之道，费而隐。夫妇之愚，可以与知焉；及其至也，虽圣人亦有所不知焉。夫妇之不肖，可以能行焉；及其至也，虽圣人亦有所不能焉。"君子所采行的道理，用处很广而不容易看得清楚明白。就算没有知识的愚夫愚妇，也能够知晓。但是极为精致的地方，恐怕圣人也难以做到。这一宏大的道，便是中庸之道。孔子说："君子中庸，小人反中庸。君子之中庸也，君子而时中。小人之反中庸也，小人而无忌惮也。"君子的所作所为，都合乎中庸的道理，因为君子能够时刻把握中道，做到无过无不及。小人不知此理，也不存戒慎恐惧之心，所以时常违反中庸的道理。管理者如果能把握朱子所说的"有君子之德，而又能随时以处中"的要领，切忌"有小人之心，而又无所忌惮"，相信必能无过与不及，顺应时空的变迁，达到安人的效果！

要做到行为无不合道，即无不安人，就应该重视孟、荀二子的"诚"。管理者能够常存诚心，才能时时刻刻注意选择妥善的安人之道，并紧紧地把握住去实行。管理者内里有诚心，就会表现于外，能表现于外就会显著，能显著就会更加光明，因此也就能够感动员工，使其改变恶习，形成良好的风气。这种机构内从业人员士气的振作或低沉，就是所谓的"组织气候"。而组织气候的良窳，只有天下最诚心的管理者才能做到化恶为善、化劣为优、化低沉为振奋。

安人不要重结果

安人不应该重视结果，就是说不能为了追求某种结果而安人。中国传统，承受孔子"见利思义"以及"不义而富且贵，于我如浮云"的启示，力求"以仁安人，以义正我"，以"合于义与否"为求得富贵的取舍标准。但是西方式管理追求的成果与成功，显然并未顾及"义"的前提，不免使现代中国式管理逐渐放弃安人的理想，转而追逐效率、业绩与利润等成果。

重视安人之后的成果，显然是短视的表现。孔子罕言利，并不是不言利。他只说"不义而富且贵，于我如浮云"，不见得就表示他也反对"义而富且贵"。孔子倡导"仁道管理"，主张"因民之所利而利"，即顺应着员工的心，去追求富贵。我们看仁政之中，孔子最重视"富"，他主张"富而后教"。既然要富，就不能不言利。孔子罕言利，显然居于下述三点理由：

第一，对自己不言利，以免引起部属或他人的误解，认为目标不够光明正大，不足以号召群众，团结人心。

第二，避免上下交相利，造成利害冲突，以致形成对立。证之于西方的劳资对立，益显其真。

第三，觉察"天命"的存在，深切了解富不是人力所能完全控制的，追求利润，有其可以掌握的因素，亦有其风险性，不如求之于安人来得实在、可靠。

我们不妨直说，中国人希望"不言利而利自至"，如果口口声声言利，岂非成了"唯利是图"？至于效率、业绩，同样不是人生的根本要求，所以还是以重视安人为上策。

现代管理中的安人之法

现代社会应不应该安人

怀疑论者常常以为安人是农业社会的做法，生活在工业社会的人心态大不相同，哪里还能一成不变地讲求安人。即使人安了，而竞争不过别人，又有何用？管理者应付千变万化的环境，已属不易，如果专心安人，岂不误了大事？至少安人并非单一的目标，利润、绩效、安全、使命难道不重要？何况单一目标往往是相当危险的！最后，也有人认为安人的口号不够响亮，不如换一个比较能够吸引人的，譬如"利人""福人"之类，可能效果更好。

不错，这种种说法都有其依据，绝非为反对而反对，更不是毫无道理的怀疑。但如果深一层分析，便知这些说法全都似是而非，不符合事实。原因如下：

第一，工业社会造成不同的心态，乃是必然的结果。因为任何社会工业化的过程中，都不可避免地要产生一些工业化的心态。但是，如果说农业社会的心态已经完全被改变，则显然言过其实。西装革履，却满脑子陈旧思想；开最豪华的国外进口原装汽车，却不能遵守交通规则。这种情况比比皆是，可见物质层次的变化，比较容易而快速；思想层次的变迁，比较困难而缓慢。何况工业社会也接受马斯洛的需求层次理论，美国工人照样希望获得职业的保障。时至今日，我们仍然发现：人如不安，则员工心不在厂，不能专心工作，效率自然降低；员工抱着以时间换取金钱的态度，当然不能振奋。人如不安，则员工只顾自己，滋生本位主义；不管他人，不愿意互相合作。人如不安，则员工心里浮动，不安于位，急着物色其他工作，希望早日变换环境。人如不安，则员工不求上进，不务改善。唯知混日子，成为十足的应付主义者，徒有良好的制度，总难以见效。时代虽然改变，人生的根本要求却并未改变。即使工业社会，管理的最终目的，仍在安人。

第二，当然不能一成不变地讲求安人。既然工业社会安人的条件与农业社会有所不同，就应该随之变换安人的方法，以求切合时中[①]，这是前面再三强调的不易原则。一成不变，不足以获得安人的效果。因为安人的目的不变，而安人的方法，绝不可以一成不变。

第三，人安了，却竞争不过别人，这是不好的现象。假若如此，倒不如不理会安人。但不理会安人，人更不安，生产力随之降低，势必更加竞争不过别人。竞争不过别人，员工必定不安，管理者更加不安，怎么能够称为安人？所以不能消除竞争，不能应付竞争，乃至不敢面对竞争，都不算安人。

---

① 切合时中，在无限的空间中而有此地，谓之中；在无穷的时间中而有此时，亦谓中，孔子特许之曰"时中"。凡能切合于当时此地的需要者，才是中用，不切合者便是不中用。——编者注

第四，管理者应付千变万化的内外环境，确属不易。但如不知安人，或不专心安人，岂非更增困扰？事实上，管理者专心应对环境变化所产生的压力，即应以安人为其中心思想，也就是拿安人作为应对的衡量标准：应对的结果，人更安，这才是上策；人更不安，那便是下策。管理者时时记住安人，才有妥善应付变化的可能。

第五，单一目标是相当危险的，因为有顾此失彼之虞。过于强调利润，往往导致因眼前的短利，妨害了远期的利益；过分重视创新，也会因开发新产品而招致企业的倒闭；一味看重绩效，会产生假的效率，危害正常活动的进行。但是，安人这一目的，却包括了我们通常所希望的所有目标。

第六，如果把安人当作一个口号，显然不够响亮。安人并不是口头上喊喊的东西，它是用来真诚实行的。响亮与否实属次要，甚至无关紧要。任何诚挚的管理者，假若不是存心骗人，就用不着一些响亮的口号。所需要的，是真正有效的目标。任何响亮的口号，充其量只能动听一时。唯有安人，才是大家共同的需求，如前所述。

第七，"利人"的目标很好，也委实吸引人。许多管理者一直认为只要提高待遇，增加福利，从业人员就会努力，就有干劲。事实上并非如此简单，薪金太低的确会损害其干劲，但提高薪金并不一定能调动他的干劲。孔子不是不重利，只是他深知利不是必然可求的，他说："富而可求也，虽执鞭之士，吾亦为之。如不可求，从吾所好。"以利为目标，终究不可靠，而且容易招致成员之间的不安，甚至形成劳资冲突，不可不慎重考虑。

第八，"福人"甚佳，既有谋求幸福的理想，又有造福的决心。然而什么才是"福"呢？有人以此为福，有的视彼为福。福和安比较起来，更不容易确定，所以"福人"还是不如"安人"来得妥帖。

现代社会安人的方法

由此可见，中国式管理现代化的目的，还是在求安人。依中国人的性格，处于现代的环境，管理者如何才能安人？下述几个方法可供参考。

第一，真诚服务——管理者扮演服务人的角色，必须出于真诚，否则口头喊得动人，心里全无诚意，便很快被识破。一旦丧失信心，再要重新建立，那就十分困难。服务要真诚，才能获得员工良好的感应。彼此相安，机构也才能安。

第二，合理待遇——太低了大家不安，太高了引起同行和社会大众的怀疑和指责，亦不能安。

第三，适当关怀——彼此关怀，大家都安；失去关怀易引起猜疑和反感，形成不安。

第四，合适工作——胜任愉快，自然能安；太多、太重、太难，或过少、过轻、过分简易的工作，都会带来不安。

第五，安全保障——工作有保障，心即能安；动不动就解雇或存心排挤人，员工便不能安。

第六，相当尊重——中国员工特别重视面子，如果得到尊重，就能心安；否则便会不安。但是对于只爱面子不讲原则的人，则千万不可以姑息通融，不然就是乡愿①作风，也将引起组织成员的不安。

---

① 乡愿，指外貌忠诚老实，实际则是欺世盗名的伪善者，出自《论语·阳货篇》："子曰：'乡愿，德之贼也。'"。——编者注

第七，适时升迁——该升的升，不该升的不升，大家自能心安；升迁不当或不合时宜，均将导致不安。

第八，创业辅助——对于特别有才能而又愿意创业的员工，给予辅助，机构和个人才能都安。

现代化的中国式管理，目的是追求由"农业社会的安人"转成"工业社会的安人"，所以它的最终目的，仍为安人！

03

安人的有效力量
是感应

中国式管理，深受儒家伦理思想的影响。首先提出"正名主义"，由管理者扮演"服务人"（替部属服务）的角色，希望员工成为良好的"感应人"（对主管或上级人员的服务有所感应，因而尽一己之力，尽一己之心，做好分内的工作），彼此互助合作，共同完成"修己安人的历程"。组织内的成员，大家都是"伦理人"，人格一律平等。"正名"是正名分，老板有老板的分，伙计有伙计的分。如果各依其分以尽其道，便是孔子所说的"君君，臣臣"；若是各违其分以非其道，就成了"君不君，臣不臣"。"服务人"提供良好的服务，"感应人"产生合适的感应，这是中国伦理管理的基本要件。

"服务"的原理，源于"仁"的道德哲学。孔子说："仁者爱人。"仁就是爱。任何人如果缺乏爱的基础，是不可能真诚服务的。若只是口口声声说服务，实际上不但自己不服务，反过来强迫别人为他服务的"假服务人"，就是不知自"爱"，亦不能"爱"人的表现。司马牛忧虑别人都有兄弟，而他独无，子夏则安慰他说："四海之内皆兄弟也。"一个人只要具有仁爱的心，不是兄弟也会变成兄弟，而且彼此的情谊可能胜过那些"兄不兄，弟不弟"的血缘兄弟。传统的"全人类一家"的构想，使得中国人除了"独善其身"（修己）之外，还十分愿意用"爱"来"兼善天下"（安人）。所以大家对于管理者所应扮演的"服务人"角色，殆无异议。

　　至于员工能否"感应"，则见仁见智，颇有不同的意见。怀疑论
者，多半不敢肯定"感应"的力量，特别是在当今的工业社会，竞争
十分激烈，万一员工不知感应，或者感应的效果不是很理想，岂非前
功尽弃？

　　中国式管理"修己"以"安人"的基础，即为"感应"。希望以
已修之身来感，以期获得安人的应，如图3-1所示。

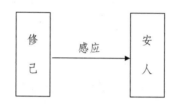

图3-1　管理的历程

　　孔子说："君子笃于亲，则民兴于仁；故旧不遗，则民不偷。"管
理者对自己的亲人厚道，同仁就群起响应，人人怀着仁爱的心。管理
者不忘记故旧，同仁之间相处，便不致刻薄。管理者的行为，直接影
响到员工。所谓"君子之德风，小人之德草。草上之风必偃"，说的
便是这个道理。

　　但是，管理者果真"笃于亲"，员工会不会必然"兴于仁"？当上
司的，能够不忘记故旧，部属就真的不至于刻薄了吗？如果这一疑难
不能突破，无法获得比较圆满的解答，那么中国式管理，势必如梁漱
溟先生在《中国文化要义》中所说的"离现实而逞理想。卒之，理想
自理想，现实自现实，终古为一不落实底的文化"。为了证明中国式
管理并非"有心无力，有学无术"，我们不能不专门就"感应"问题，
做一番探讨。

孔子的感应说

　　孔子主张感化而不主张赏罚，是基于他的"性纯可塑论"。子贡说过："夫子之文章，可得而闻也；夫子之言性与天道，不可得而闻也。"孔子重视教化，很少谈论性与天道的问题。但他却是我国先哲中第一位讲性的。虽然他仅仅提及："性相近也，习相远也。"所谓"相近"和"相远"，系指人与人间的相近、相远。"性相近也"即"人人所禀受以生的性互相近似"；"习相远也"为"原本相近的人因习染不同而拉长其距离"。不过习之为用，陈大齐先生推定其为双向的，不是单向的，即"可导人向善，也可导人向恶"。

　　正因为其双向，所以习的结果，使人在行为的善恶上互相远离，造成"相远"的现象。

孔子的"性纯可塑论"

　　孔子的"性纯可塑论"，要点如下：

第一，人性是善是恶，孔子并未提及。《孟子·告子上》记载：公都子向孟子提出若干种人性学说以后，问道："今日性善，然则彼皆非与？"问话中用有"今"字，可见孟子的弟子确认性善之说，应该是前人所未道。

第二，人由先天遗传下来的性，初生时像白纸一般。后来信仰孔子这种"纯而无所谓善恶的"性说，似乎只有告子一人。他的著述没有流传下来，仅仅在《孟子》一书里有他的话，可以作为佐证。他说："人性之无分于善不善也。"

第三，性相近也，指先天的性互相近似。明儒顾亭林（即顾炎武）在其《日知录》中引曲沃名士卫嵩的话说："孔子所谓相近，即以性善而言。若性有善有不善，其可谓之相近乎？"因此后世儒者，大多认为性善之说，本乎孔子。孙中山先生则具体说明："人类要能够生存，就须有两件最大的事：第一件是保，第二件是养。保和养两件大事，是人类天天要做的。""保"和"养"是人人所禀受以生的性，亦即生命的表现，大体上是一致的，应该是孔子"性相近也"的最佳诠释。

第四，习相远也，后天的习惯，把人与人之间的距离拉长了。孔子说："唯上知与下愚不移。"上知、下愚的人，是不为教育和环境所改变的。但是这两类人，为数极少。我们所重视的，乃是介于上知、下愚之间，众多的"中人"。孔子说："中人以上，可以语上也；中人以下，不可以语上也。"《论语注疏》中说："中人若遇善师，则可上；若遇恶人，则可下，故再举中人，明可上可下也。"刘宝楠《论语正义》说："中人，为中知矣。"中等智能的人，易受后天教育和环境塑造的影响，有的向善，有的向恶，因而彼此相远。

第五，一般的人，都是"中人"，可以任由后天环境塑造，改变其形态。告子也认为："性犹湍水也，决诸东方则东流，决诸西方则西流。"美国现代著名的社会学家、教育家约翰·杜威（John Dewey）在其《人性会改变吗？》（*Does Human Nature Change?*）一文中指出："当人性科学发展到像物性科学一样，关于人性如何最有效地改变的问题，自是十分重要。所问者不是能不能改变，而是在一定条件下，如何加以改变。"人性可变，于今大致获得公认。

为政以德方能有良好的感应

由于性纯可塑，而塑造者就是环境，于是孔子创立仁道，把它当作塑造人性的理想模型，希望把所有"中人"的性，都塑造成他所拟定的理想模型一般。合乎仁道理想的环境，就是塑造人性的实际模型。

仁道是人生活动的目标。但是我们有了这样美满的模型，又如何才能使更多的人刻意向仁而不违背它呢？如果依照现代的观点来说，必然会提出"施加压力"的主张。孔子并没有完全忽略"压力"的必要性，只是他认为：压力可以分成"外来的"和"自发的"两种。施以外来的压力，本身就不合仁道，而且容易引起承受者的反感。不如激发他内在自发的压力，让他自愿走向仁道。所以孔子说："仁，远乎哉？我欲仁，斯仁至矣。"任何人从"我欲仁"而"志于仁"，便是自发地"用其力于仁"。结果必然走上仁道，因为一个人真有一天决心用力去行仁，不可能产生心有余而力不足的感觉。

内在的自发压力，胜过外来的施加压力。前者是"自力"，后者则是"他力"。依据"作用、反作用"定律，"自力"的运作空间，限于人的体内，作用越大，反作用越弱，自己驱使自己走向仁道；"他力"的情况刚好相反，运作空间介乎人我之间，作用越大，反作用越强，适得其反地把人逼得近乎盲目地反抗，因而一旦压力减弱，就趁机转入邪途了。

自发压力是"应"，外面的环境才是"感"。孔子倡导管理者"为政以德"，这样管理者就好像北极星静居其位，而满天星斗都环绕着它正常地运行，即能"无为而治"。

《论语·颜渊篇》记载，季康子向孔子请教管理的道理，说："如果杀了坏人以成就好人，你看怎么样？"就是问孔子"施加外力"的效果如何。

孔子说："何必用杀呢？"可见他并不赞成假借外来的压力，以免造成"以杀止杀"的"互杀"恶果。他认为"你喜欢好事，大家就会做好事"，有德的管理者，最好像"风"那样，微微地吹着，使被管理者如"草"一般，在和煦中不知不觉地自愿顺风而倒。管理者所散发的，是柔和的微风，为大家所欢迎的"和风"，绝不是"暴风"。把草连根拔起，就不是良好的感应。孔子说："道之以政，齐之以刑，民免而无耻。道之以德，齐之以礼，有耻且格。"政、刑是赏罚之具，乃是"他力"，德、礼才是良好的"感"，可以激起"自力"的"应"。当然，管理者是众人"十目所视"的对象，也就是"十手所指"的目标。由于大家十分注意，成为最具有感化力的一种"环境"（他人对"我"而言，其实都是环境），所以孔子一再强调管理者必须先自正其身，他说："政者，正也。子帅以正，孰敢不正？"

孟子的感应律

依据对公司雇员的访问调查，部属多半不满意自己的主管，而且他们还抱怨地指出：没有不好的部属，只有不好的主管。孔子说"有教无类"，即君子有教，则人人都可以为善。拿破仑自夸有能力"以泥土造军长"，他说："头脑过热的人，我则冷之；头脑过冷的人，我则热之。我要这个人变成什么样的人，我就能使他照我的意思去变。"我国向来也认为第一等主管，乃是善于陶铸人才的人，就像具有"点石成金"的手段，似乎可以作为佐证。

但是，担任主管也鲜有不认真负责的，他们只是鞠躬尽瘁，却不幸劳而少功，好像在球场上奋力奔驰，满身大汗，却屡投不中，未能得分。我们最好肯定：没有不好的主管，只是稍微欠缺领导的艺术。

自古以来，我们便承认部属是人而不是物，是人便有感情，亦即有其好恶，诚如现代管理理论之父切斯特·巴纳德（Chester Barnard）所说："关于管制或影响集体的行动，不论做法如何，常有其不可预测的反应，或好或坏，颇难以确定。"但是，西方学者仅仅了解领导的过程是领导者、跟从者及其他环境因素的方程式，却无法突破这种不可捉摸的情况，寻出我们的传统法宝：孟子的感应律。

孟子的感应四律是安人的法宝

孟子虽然主张"性善"，却也认为人性是可塑的，会随着环境的变化而变化。人类本来就具有仁、义、礼、智四种善端，它们是内在的，自己努力去求，就能够发扬光大；自己不努力，等于舍弃原有的东西。他显然是重视"自力"的，却进一步把"父子"和"君臣"的感应加以适当的区分。《孟子·滕文公上》说"父子有亲，君臣有义"，《孟子·尽心下》则说"仁之于父子也，义之于君臣也"，明示君臣间的感应关系不同于父子，前者主"敬"，后者主"恩"。

君臣之间应该互敬，《孟子·万章下》说："用下敬上，谓之贵贵；用上敬下，谓之尊贤。"孟子把这种上司与部属的感应，归纳为四个定律：

第一，出尔反尔律。在《孟子·梁惠王下》中邹穆公问孟子："我的将士在前方作战死的，有三十三人之多，而百姓没有一个是为国家而死的。如果要杀他们，是不能杀尽的；如果不杀，他们都眼睁睁地看长官战死而不肯救，这该怎么办？"孟子答道："平时凶荒饥馑的年岁，老弱的倒毙在田沟间和山涧中，强壮的流离颠沛在四方，总共可达几千人。但是君王的仓廪盈满，府库充实，官吏们没有把灾情向上呈报，没有设法救济，这是对上疏忽责任，对下残害百姓。所以曾子说：'警惕啊！警惕啊！现在你们做的恶事，将来一定会还报在你们身上。'那些百姓，现在才算得到机会来报复，不要去责怪他们吧！如果能够施行仁政，那些百姓必会自动亲近君王，拼命地替长官效忠了！"曾子的话，原本是"戒之，戒之！出乎尔者，反乎尔者也"，旨在提醒我们："你如何待人，人亦将如何待你。"这和孔子一贯主张"欲正他人，必先自正"的道理，是完全一样的。

第二，施报对等律。孟子对齐宣王说："人君看待臣子如同手足，臣子就把人君当腹心看待；人君看待臣子如同犬马，臣子就把人君当路人看待；人君看待臣子如同土芥，臣子就把人君当敌人看待。"手足必然听命于腹心，上司视部属如同左右手，部属当然视上司为腹心而彻底服从。犬马系看门、拉车的工具，上司把部属当作利用的器具，随时可以更换或抛弃，部属也就视上司为陌生的路人，彼此既然缺乏深厚的感情，那么随时可以跳槽他去。土芥指如土如草的贱物，上司根本看不起部属，常常手里拿着一大叠履历表，口里说些"要做就好好做，不做的话，有的是人想做"等类似的趾高气扬的话，部属受尽侮辱，难免视上司如仇人，有的甚至实施暴力、逞凶狠，便是因此而起。中国人的报复心理相当强烈，所谓"君子报仇，十年未晚"。大多认为有恩报恩、有怨报怨，乃是人之常情。不过，我们非常不赞成战国时代魏国范雎那种"睚眦必报"的态度——凡是曾经对他张目忤视一下的人，都不肯放过，都要报复。我们十分重视孟子所说"杀人之父，人亦杀其父；杀人之兄，人亦杀其兄"的道理，甲杀了乙的父亲，乙也必定想尽办法，要杀甲的父亲，不杀甲亲爱较次于父的他人。这种"报复的分量"等于"遭受的分量"，即"施报对等"的"等量定律"。

第三，居上先施律。孟子把部属的人格分成四级，他说："有一种侍奉国君（上司）的人，用逢迎谄媚的方法，极力争取国君（上司）的宠悦。有一种社稷的臣子（部属），是以安定国家为快乐的。有一种求尽天理的人，只要知道自己的理想能够施行，便出来侍奉国君（上司）实行他的道。还有一种人格高上的大人，先端正一己的身心，来化成万事万物。"专门巴结上司的"容悦部属"是最低级的。不制造问题、乱出主意的"安定部属"，为第三级。能够实行理想的"辅佐部属"，已经相当了不起，却还赶不上第一级——不为利害所动而又盛德足以化成万事万物的"资政部属"。他不但看不起主动讨好上司的容悦行为，指出"国君（上司）心不向着道义，志不在施行仁政，做臣子（部属）的，如果为他设法求富足，就等于帮夏桀求富足，非但不是良臣，而是民贼了"。他又进一步说明进退的道理："上司接待部属，非常恭敬而有礼，并且要照他所说的话去做，即可就职；礼节招待没有改变，却不能照着他的话去做，便可以去职。次一等的，上司虽然没有照着他的话去做，但是接待得非常恭敬而有礼，即可就职；礼节减退，就可以去职。再下一等的，早上没的吃，晚上没的吃，饥饿得连门户都走不出去，上司知道了说：'我在大处不能实行他的理想，其次不能听他的话，让他挨饿，实在是我的耻辱。'于是周济他，这样也可以接受，只求免于一死罢了。"陈大齐先生认为孟子的这些主张，都是对上司的遏制，使其养成"礼下"的习惯。若不能礼下而握有莫敢违逆的权势，则上司可以随便侮辱部属，根本谈不上"修己安人"。孟子鼓励部属对上司"不要顺"（绝非"要不顺"，陈大齐先生说"要不顺"乃是以不顺为主要的甚至唯一的反应，不论何事，均存心违逆，这是要不得的，任何上司都不敢用。"不要顺"则是不要以顺为主要的乃至唯一的反应，虽偏于不顺，却非必不顺），正是"寓政道于治道"的一种"制衡"的力量，务使有权有势的管理者时常怀着仁心，率先去珍惜、关怀部属，然后部属才会"回仁"，表现出良好的反应。

第四，强恕而行律。孟子主张人治、法治应该并重，因为"徒善不足以为政，徒法不能以自行"。他认为只有存仁心的人，才应该居高位，否则就是"播其恶于众"，大家都要受到祸害。依据孔子的观点，摆在管理者的面前，只有"仁"和"不仁"这两条路。孟子引证说："夏商周三代得天下，是由于有仁德，后来桀、纣、幽王失天下，是由于没有仁德。诸侯各国的兴废存亡，原因也是如此。做天子的不仁，就不能保有天下；做诸侯的不仁，就不能保有国土；做卿大夫的不仁，就不能保有祖庙；士人和百姓如果不仁，便不能保有自身。现在的诸侯，既厌恶身死，又恐怕国亡，却喜欢做不仁的事，真像怕喝醉酒，又要勉强喝酒一样。"管理者为什么要"恶醉而强酒"呢？孟子说："古代贤明的上司，喜欢他人的善，忘却自己的权势；古代贤德的部属，又何尝不是乐于自己所信守的道，而忘却他人的权势呢？"管理者忘不掉自己的权势，偏偏部属也以趋炎附势为能事，形成"所谓忠不忠，所谓贤不贤"的不良组织气候，并不是良好的感应。但是要求管理者忘却自己的权势，实在不是简单易行的事，所以孟子说："强恕而行，求仁莫近焉。"管理者必须时常反省，提醒自己要勉力去实行上述三律，如图 3-2 所示，"反身而诚，乐莫大焉"。

图 3-2　感应四律

感应四律是消除"无力感"的良药

有些人喜欢用"无力感"来表示"无可奈何"的"非我之罪"；有些人则抱着厌恶的心情，以暗示自己在某方面仍有其相当的成就。再贤明的领导者，也可能有轻微的"无力感"，因为"人心惟危"，意识既不安定，念头更是此起彼伏，变化多端。任何措施都无法使人皆大欢喜，此所以"皇帝大大，也免不了背后的闲话"。"无力感"如是来自"位置权力"，表面上似乎比较严重，俨然是"向公权力挑战"。分析起来，有两种可能：一是存心图谋不轨，借此制造是非，引起混乱；一是内心的不满，积压已久，趁机有所发泄。前者罪不可赦，务须严加制止，甚至绳之以法，才能符合众人的愿望。后者情有可原，管理者最好自我反省，就像孟子说的那样："我爱人，人却不亲近我，我就要反省；我礼敬人，人却不回答我，我就要自反，再尽我的礼敬。"凡是有"无力感"的领导者，都应该自我检讨一番，寻求其中的道理。

孟子说："君子之所以不同于一般人，就在于他常反省自己。君子常用仁来省察自己，用礼来省察自己。仁德的人，就能爱人；讲礼的人，就能敬人。"他认为能爱人的上司，部属必定也常爱他；能敬人的上司，部属也必定常敬他。主管一言一行，均以蹈仁执礼为依归，又怎会有"无力感"呢？

喜欢用权势的上司，常对部属施加压力，这种"以力服人"的"霸道"管理，难以长久有效。善用领导之法，经常维护部属的尊严，即"以德服人"的王道管理，才是自动奋发、精诚团结的根源。

国学大师钱穆先生指出："中国人讲人，不重在讲个别的人，而更重在人伦。人伦是人与人相处，有一共同关系的。要能人与人相处，才各成其为人。若人与人过分分别了，必就无人伦。"中国人的管理，是伦理的管理，任何组织，都由人与人相互配搭而成；组织的架构，就中国人的观点而言，有如人体的骨骼，房屋的梁柱，整体性重于个别性。自古相传，中国人的分工专职，看起来好像含混不清，实际上仍是看重和合性的。如果过分讲求制衡、监督，强调压力、控制，徒然把"冲突"的气氛加浓，当然要自叹无力。

至于做事方面，钱穆先生说："中国人认为事业以集团性为重。集团必有一领导，但领导性的重要，次于集团性。所以每一集团中的领导人，不易见其英雄性。而英雄性之表现，常在领导人之下。"他以楚汉相争为例，以"英雄性"来领导中国员工，就违背了中国人的国民性，再有力的，也很快变成无力了。

中国人的领导特性，在"以最不表现英雄性的领袖，来领导一群十足的英雄人物"。而其原动力，则系于"人心有感应：彼以此感，我以此应"的道理，孟子的感应四律，当是消减"无力感"的良药，委实值得我们两千年后的人来欣赏、钻研。

朱子的感应心

朱子对感应的道理，亦有所说明。他说："凡在天地间，无非感应之理，造化与人事皆是。如雨便感得旸来，旸已是应，又感雨来。寒暑昼夜，无非此理。如父慈则感得子孝，子孝则感得父愈慈。其理亦即世界上万事万物，不过是感应的循环。"他还说："阴阳之变化，万物之生成，情为之相通，事为之终始，一为感，则一为应，循环相代，所以不已也。"依此类推，上司与部属之间的感应，如图 3-3 所示。

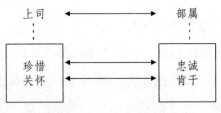

图 3-3　上下的感应

上司的珍惜与关怀，使得部属忠诚而肯干；部属的忠诚而肯干，又使得上司更加珍惜与关怀，这就是良性的感应循环。

朱子肯定"未有这事，先有这理"。他举例说："如未有君臣，已先有君臣之理；未有父子，已先有父子之理。"未有感应，已先有感应之理。

朱子认为理与心是理一而分殊，所以"人心皆自有许多道理"。他说："心，人之神明，所以具众理而应万事。"理笼罩宇宙万物，乃是理一；心要对应万事，而一事有一事之理，必须具众理才能适应现实生活的需要，不再是一，而是分殊的多。

不良感应产生的原因

心有善恶，不能保证在应万事上，都能事事如理。心的感应，有的如理，有的并不如理。如理的为善，不如理的便是恶。善恶的区分，关键在"应"上。朱子从不同的角度来探讨"恶由何起"的问题，发现不良的感应，可能有下述六种原因：

第一，由于不能善而偏于一边。朱子说："恶不可谓从善中直下来，只是不能善则偏于一边为恶。"恶不可能来自天理，它是由于人一时不能为善，形成某一方面的偏失，才产生的不正当的感应。

第二，由于溺于私欲。人无私欲，必能顺天理，而理无不善；人一旦溺于私欲，便陷溺其心，发而不中节，很容易表现为恶的反应。

第三，由于逆理而行。理是人类行为的准则，顺之而行则为善，逆之而行便为恶。因为道理有背有面，顺之则是，背之则非。是非善恶的分辨，不能单靠良知，需要一番穷理的功夫。

第四，由于胸中无主。胸中之主便是天理，无主的"无"，并非"没有"，而是暂时隐没，不发生作用。这时候就容易被情绪或欲念牵引，产生不良的感应。

第五，由于善得过分。多少上司因爱其部属而加以袒护，以致姑息养奸，反而造成部属的许多恶习恶行。而早在此之前，若干家庭内，父母姑息子女，使其不辨是非、不明善恶，也是善得过分，导致负面的影响。国家的法律，发扬"微罪不举"的精神，确有至理。

第六，由于气质。朱子说："人性本善而已，才堕入气质中，便熏染得不好了。虽熏染得不好，然本性却依旧在此，全在学者着力。今人却言有本性，又有气之性，此大害理。"气质之恶，是来自后天的不良环境和教养。气质不好的人，容易产生不正当的反应。

这些良好感应的障碍，朱子认为是由于"烛理未明""无所准则"而致。他主张以穷理为先，而以诚敬为本。穷理是以精密繁细的经验推理，按部就班去明理，了解每一件事所本的理，然后由心之所发，才能切实把握准则，正正当当地"应万事"。但是朱子深知一味穷理，很容易流于求知，甚至忘掉力行的价值。他认为"诚能主敬"才是"立其本"，使"穷理的功夫"配合"主敬的功夫"，由智达德，开辟出一条人人可走的坦途。

心有感应，修己才能安人

心既能感应，则外界有感于心，心必有所应。有了这种感应心做基础，理学家才倡导以完全人格感化人民为善，而不是用刑法迫使人民为善。他们主张治理天下，不必徒用刑法去管理人民，只要先把为政者个人的人格修养完善，用自己的高尚人格去做人民的模范，叫人民都仿效自己的行为，就可达到治理天下的目的。

管理者扮演"服务人"的角色，便是主动施仁于部属，此为感。部属表现为良好的"感应人"，也是施仁于上司，即为应。管理者以仁来获得部属的心，便是良好的感应。我们相信，无论时代如何改变，社会如何变迁，这种感应的理，永不改变。施仁的感应力甚大，不但能使组织内的成员心悦诚服，亦能使组织以外的人才，闻风而来。中国人喜欢说"仁者无敌"，意即出自真诚的服务，不会招致任何反对者。其影响的力量很大，影响的范围也很广。

我们不妨问一问那些不相信"感应力量"的人："假使主管对你好，你会不会对他好？"他们的回答大概是百分之百的"当然会"。可见他并不否定自己是一个良好的感应人。

但是，当我们问他："如果你对别人好，别人会不会也同样对你好？"答案可能有很大的出入，因为许多人对别人缺乏信心，认为"不一定"。看看前面所述朱子列举的感应障碍之中，有一条是"由于善得过分"。我们因社会上少数人基于种种原因而未能表现出良好的感应，便心生厌恶，否定了大多数人的良性感应，是不是也成为一种不自觉的行善而过呢？

现代化的中国式管理，可以经由适当的计划、组织、领导、控制、训练等活动，在充分协调的气氛当中，好好去"感"，以求获得合理的"应"。管理者以诚敬为本，以"格物、致知"为一个阶段，"诚意、正心、修身"为一个阶段，"安人"为一个阶段，按部就班，修己以安人，则"上司仁，部属莫不仁；上司义，部属莫不义"。组织的"安"或"不安"，完全系乎主持者的"仁"或"不仁"而已。

《大学》说："物有本末，事有终始，知所先后，则近道矣！"管理者如果知本末终始，先修治好自己的心，然后以心比心，用自己的

良心来感应成员的良心，那就是孔子所说的"君君，臣臣"的良性感
应境界了。

链　接

原文：物有本末，事有终始，知所先后，则近道矣！

主旨：说明决策的重点，在于分清楚本末、终始和先后。

解析：凡是事物，都有本末终始。就管理来说，做出任
何决策，都应该研究相同问题的本末终始，分辨其应先应
后，应急应缓，以求制宜，也就是合理地加以解决。这样
的管理程序，就合乎管理的原则了。

这样做是因为管理所能运用的资源，并不是无限的，不
是要什么有什么。管理所能运用的资源，实际上相当有限。
就算不是要什么没有什么，也必须受到很多的限制。因此
在处理问题时，要分清楚本末、始终和先后，才能够把握
重点，做应该做的事，而不是做喜欢做的事；做必须做的事，
而不是做不得不做的事。现代化管理，讲求 ABC 重点管理，
主张先把要紧的部分管好，再来管其余并不要紧的事情，实
际上和《大学》的观点基本一致。

04

安人的根本精神
在中道

中国式管理就是中道管理

"中"的观念，早在尧舜时代，便已深入中国人的心中，成为至高无上的价值取向。"中"与"道"合，道之所在，中之所在，"中道"在心。儒家讲求中庸之道，便是中道思想，几千年来，不知不觉间成为中国人为人治事的基本信念。

中国人视"管理"为"修己安人的历程"，"安人的目的"不变，而"安人的条件"必须因人、因时、因地而改变。中国式的管理者，在发言、行事之先，往往会自问："这样做是否符合我的身份？"（人）"是否合乎时机？"（时）"在这种场合说此话、做此事是否妥当？"（地）他们的反省，无非在求"得中"。所以权变的法则，亦是"中道"与否；而中国式管理，实际上就是"中道管理"。

"中道"是管理界共同追求的"合理化"。管理的中庸之道，要使个人与团体之间，得到一种平衡，亦即重视团体而不必忽视个人，并使各种机构的投入与产出之间，得到一个中道，也就是"人尽其才，事尽其功，地尽其利，物尽其用，时尽其效"，而又能够"货畅其流"，进而"人得其安"。

中庸的精义，在于"过犹不及"。中道管理，就是要避免过和不及。无论人、事、地、物、时，或其他，都要求其适当、合宜，即恰到好处。但这一标准如果出于主观的认定，难免有所偏颇，或失之武断。所以孔子主张"毋意，毋必，毋固，毋我"，先建立客观的态度，以"叩其两端而竭焉"的方法，从全体看，从整个看，在全体整个中，觅得一中道。依据中道来管理，才是真正管得合理。中国人不喜欢人家管他，大多存有"自己会管好自己"的观念；但是中国人最讲道理，只要管得有道理，即管得合理，中国人也就心悦诚服，显见中国管理精神，在求管理合理化。中道或中庸之道，同样成为我国的管理精神。

《中庸》说："从容中道，圣人也。"一举一动，一言一行，都合乎道理。管理者如果达到这种境界，修己安人当然是不成问题的。"中"的标准，源于没有过与不及，没有偏颇，没有过猛过宽或过刚过柔，没有张而不弛或弛而不张，也没有轻重失衡或长短失度，而是随时皆宜，随地皆宜的。就管理的最终目的在安人来考察，只有中才能安，不中即不安，可见中国式管理所求在中，中必合道，这就是中道管理。

张晓峰先生分析中有五义：一中正，二中和，三中庸，四中行，五时中。如图4-1所示。现在分别从这五种取向来探讨中国固有的管理，说明如下：

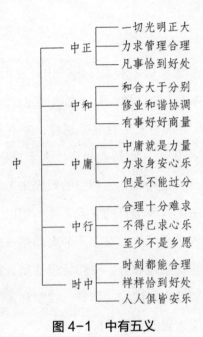

图 4-1　中有五义

中正

中就是中正，管理者唯有大中至正，一切光明正大，才能管得恰到好处。陈大齐先生探究诸德成美的条件，认为所系正大，应居首要。任何组织，如果目标邪恶不正，则管理越有效，越危害社会。同时成员的表现，例如忠诚、肯干、负责，虽然都是美名，却全成了恶德；况且越忠诚肯干，越认真负责，其为恶越加厉害。孔子主张"正名"，他说："名不正，则言不顺；言不顺，则事不成。"《春秋繁露·玉英》也说："治国之端在正名。"管理者必须明确制订中正的组织目标，才足以号召员工通力合作；再以大中至正的精神，确立可行的制度，来调整成员之间的权利与义务，引起员工的良好感应，才是真正的美德。

中和

《中庸》说："喜怒哀乐之未发，谓之中；发而皆中节，谓之和。中也者，天下之大本也；和也者，天下之达道也。致中和，天地位焉，万物育焉。"钱穆先生认为人生有其分别性，亦有其和合性，拿中国人的天性和西方人相比较，则是"和合性大于分别性"。西方管理，由于他们的天性好分，常用对立、冲突的眼光来考察事理现象，因此强调监督、制衡。中国式管理目的在安人，一切以"和谐并行，相辅相成"为重。管理者必须了解：对立、冲突乃是一时的病态，并非恒久的常则。中国人特别重视和合，一切管理活动，都需要协调。要把协调的精神，贯彻到计划、组织、领导、控制和训练之中，即融于整个管理的历程，方能达到安人的目标。

中庸

考古学家郑德坤先生深究中国人的基本思想，肯定可以用两个字来说明，就是中庸。中国人的思想及生活习惯，无处不受"中庸主义"的支配，其具体表现可用下述六种基本观念的分析加以说明：

第一种，人是宇宙的中心，是万物最优秀的成分，所以人类的尊严，必须加以维护。管理者自己的"面子"固然需要维持，其他的人，如股东、员工、顾客，也不能让他们难堪。因为不顾别人的面子，结果只有冲突斗争，引起不安。中国的管理者，应善于诱导，使员工保住面子。因此在管理过程中不可不谦让三分，顾及对方的面子，切勿伤害了他们的尊严。

　　第二种，人之初，性本善。中国人相信人是天地万物的精华，否认西方人所信仰的"原罪论"。古人讲用人，常说："疑人不用，用人不疑。"固然是因为既任用他又不信他，他便无法竭忠尽智，发挥其长才。而根本信念，还是系于人性本善。曾国藩主张"广收、慎用、勤教、严绳"，实在是管理者用人的中庸之道。

　　第三种，人为万物之灵，有智能，可以格物致知；有自省、自我批评的能力，能应付一切事态及环境。管理者只要确立原则，充分从工作中训练员工"以不变应万变"（依据既定的不变原则，应付万变的事态及环境）的能力，便可以由有为而无为，让全体成员尽量发挥各自的潜力。

　　第四种，人类对于一切事物的决策，必求其有利于人。管理者最完满的措施，是能利己益人，其次要利己而不害人。有时为了生存，不得已试一试利己害人的决策。不过我们相信为善者昌，为恶者亡，为求天命所归，最好不以恶小而为之。

　　第五种，人类生活的基本希望是安居乐业。中国式管理，以安人为目标，即在促使成员身安心乐，而又安分乐业。组织内的每一分子，都应该"安分守己"，尽一己的心力，做好自己分内的工作；"乐天知命"，愉快地克尽人事，不计较成败以听天命，"富贵不淫，贫贱不移"，这才是最有效的控制，也才是幸福的源泉。

　　第六种，文化是求生的工具，一切发明创造，都要为人服务。管理者扮演"服务人"的角色，建立有利于人的法则制度，自能获得大家普遍而良好的感应。

中行

孔子说："不得中行而与之，必也狂狷乎？狂者进取，狷者有所不为也。"他看出志于道而具有中和德性的人，自古以来便很少，不如退而求其次，找那些志趣高大，不做坏事的狂狷之士。后来孟子才感叹地说："孔子岂不欲中道哉？不可必得，故思其次也。"狂狷之士，并不是最合理的，只不过中道难得，孔子才不得已退而求其次。

管理者当然不能"阉然媚于世"，成为孔子最讨厌的"乡愿"。这种一味顺着世俗，迎合着污世；用心好像忠厚，行为似乎廉洁；大家都喜欢他，而他也就自以为是的作风，是永远也不能进入中正之道的。管理者至少也应该积极进取，而有所不为。最理想的，就是具有朱子所说的"刚果决烈"的性格，硬着脊梁无所屈挠，自反常直，仰不愧，俯不怍，那才是"中行无咎"呢！

时中

子思作《中庸》，记述孔子的旨意，指出"君子而时中"。孟子也赞美孔子为"圣之时者"。因为孔子深知变是宇宙中的一种根本事实，一切事物莫不在变易之中，"逝者如斯夫，不舍昼夜！"管理者必须在时、位改变的情况下，随时调整，随时改进，以求其"中"，而获得良好的感应。这"位、时、中、应"（顺应时空的变化，做出合理的调整，以求得良好的效应）四个观念，从古史中可以看出它们的形成早于西周时代，也深远地影响了一代代中国人。善于把握"难得而易失"的时机，才是切合时中之道的管理者。中国人常说"天时、地利、人和"，便是最佳的组合。管理者必须"好古敏以求之"，充分了解持经达权的道理，无所胶着，无所凝滞，却能够变通创新，那就是时中的精神。

中道管理符合人性的要求

中国人普遍并不十分理性，因为我们相当重视感情。加上我们的情绪变动得很快，又很容易走极端，不是爱之欲其生，便是恶之欲其死。孔子看到这种情况，才特别提出中庸主义，希望中国人能够稳定情绪，凡事尽量求合理。

汪少伦先生毕生追求人类幸福之路，发现人类不能幸福的原因，在于"人类本身不似天使，各种环境又不似天堂"，以非天使居非天堂，自然不能有幸福。人类不似天使，主要是受到观念的影响。各种不当观念，使人做出不当的行为，当然不像天使。人类居住的环境，包括自然环境及文化环境。自然环境系由物质构成，与人类有直接而密切关系的，是太阳和地球。太阳影响气候与气象，地球包含地形与物产。这四种不同的因素，具有相当的差异性和固定性。前者表现在有些地方自然环境较佳，而有些地方自然环境较劣。人类只能适应相当好的自然环境，特别坏的，不能适应，只能听其为虐，因而引起竞争，希望夺得较好的自然环境。后者则表现为陆地面积不可能任意扩张，重要资源也无法任意增加，不足以供养急速增长的民族人口，以致你争我夺、战火频频。

文化环境系人类运用智能，改造自然环境的结果：人力改造"地"，形成物质文化；人力改造"人"，产生社会文化；人力改造"天"，发展精神文化。然而这些文化，都非孤立的个人所能完成，亦不是整个人类合力创造的。随着人类活动范围的改变，氏族文化发展形成民族文化，因而有其矛盾性与相对性。

前者由于各方面文化有其本身发展的法则，极易倾向绝对性的发展，形成某一方面文化的独尊，以致民族文化走向畸形或偏道，形成变态。但是任何一方面的文化无论如何发展，均仅能满足人类某一方面的需要，不能满足人类所有的需要。文化发展有其绝对性，文化效用复有其相对性，这就形成了矛盾。

后者呈现为文化量的限制性与质的差异性，特别是物质文化，量受到限制，质也有显著的差异，有的人可以获得量多而质优的物质，有的人显然不能。即使社会文化或精神文化，亦因其质、量的差异而形成文化的相对性。文化的矛盾性与相对性，使人变成文化发展的工具或奴隶，例如欧美的偏物文化，使得大多数人成为拜金主义者。资本家或财迷自愿为金钱牺牲自己，在主观上可能不知道自己不幸福，在客观上则显然并不幸福。

自然环境不像天堂那样可爱，却是可以改造的；人类对于自然环境的改造能力越高越强，则自然环境对人类不幸福的影响将日益减少。文化环境不似天堂，那是人类自己造成的，亦即系于思想或意志；倘使人类由于过去痛苦的经验，尽力调整改变自己的文化环境，当可使其近似天堂。

各种环境通过人类的控制，可能近似天堂；人类本身，也应该改变思想，使自己近似天使。以近似天使的人类居于近似天堂的环境，人类才有幸福的可能。

人类应该接受哪一种思想，方有天使般的可爱呢？汪先生指出：中道思想综合唯心主义与唯物主义的长处，而且与宇宙人生各方面事实互相符合，亦即中道合于人道，人道合于天道与地道，所以中道主义便是人类幸福之路。唯有中道思想，可以使人类近似天使，并进而改造环境，使其近似天堂，使人类享受以天使居天堂般的幸福。

天、地、人三界，性质不同，亦自有其变迁法则。伊曼努尔·康德（Immanuel Kant）曾说过：人有人的特性，而其特殊之处，绝不能从动物中去比较或求取证明。我们不能用矿物学去证明植物的特性，不能用植物学去证明动物的特性，同样不能用动物学去证明人的特性。因为人是属于人的世界，绝不同于无机物世界或动植物世界。《易经》说："有天道焉，有地道焉，有人道焉。"荀子说："天有其时，地有其财，人有其治，夫是之谓能参。"精神世界为纯粹精神，完全依照目的法则而变迁，所以完全自由，也完全靠力。物质世界为纯粹物质，完全依照因果法则而变迁，所以毫无自由，亦即完全认命。唯有人类世界既有精神又有物质，一部分依照目的法则而变迁，另一部分又依因果法则，因而享有相对的自由，既靠力又靠命，所以儒家主张"尽人事"以"听天命"。

尽人事以听天命，便是中道管理的要旨，充分符合人类理性和情感的需要，也就是合乎人性要求而导致人类走上幸福之路的最佳取向。

尽人事

对任何组织而言，管理都是一种挑战，并不是万灵丹。管理技术无论多么老到，总不是神符。西方管理受到西方知识论的影响，一切纯理性，重客观，以通于物的心理和方法来通于人，可以说只看到人类理性的一面而忽略了情感的一面。虽然人群关系运动掀起了人性管理的热潮，但是西方"执己忘天"，唯知有"人"，不知有"天"的偏道思想，使他们深信"人定胜天"，因而很容易择定一个目标就信而不疑地去追求。

中国人当然也肯定"人定胜天"，但中道思想使我们同时也了解"天定胜人"的道理。就地球历史而论，一般认为已有 30 亿年，若缩为一年，则前 8 个月尚无生物，自第 9 个月起渐有单细胞生物发生，第 12 个月之第 2 周始有哺乳动物。人类则于 12 月 31 日晚 11 时 45 分方告诞生，在一年的历程中仅占 15 分钟。以如此后生之人，竟妄欲为天地之主，而任性逞意，安得不自扰、扰人，造成祸患？我们并不否定人类对自己力量的自信，只是人虽相信自己的"努力"，而"努力"的结果，却未必一定有效。管理者是人，应该认识到自己能力的极限，也谅解员工在理性之外，有其情感，这样才能"视人为人"，不把员工当作"物"或"机器"看待，那便是真正的人性管理。

听天命

孔子自述"五十而知天命"，一般认为孔子崇信天命，实则大谬。"四十而不惑"，四十岁以前，尽力培养自觉意志，先求"知义"；

五十之后，转往客观限制的一面，以求"知命"。于是人所能主宰的领域与不能主宰的领域，同时出现。孔子认定"不知命，无以为君子也"，也在提醒我们欲明"义""命"分立的道理，必须知命。管理者了解自己力量所能主宰的范围，以自觉意志在此领域内建立秩序，扮演服务人的角色，使员工有适当的感应，就是"知义"（尽人事）。然后把客观限制的条件，尽量予以突破，到了无可奈何的时候，就应该安之若"命"，不要再怨天尤人（听天命）。如果以企业管理为例，则"命"就是"企业组织与外界环境交互作用的历程"，如图 4-2 所示。

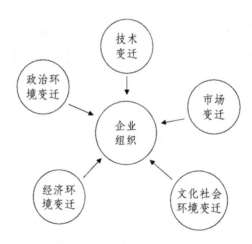

图 4-2　外界对企业的作用

管理者唯有深切理解孔子的"相对力命主义"，才能知道企业自身的能力有其极限，外界的因素，包括政治环境、经济环境、文化社会环境、市场以及技术的变迁，均非自己的力量所能控制，因此"不以成败论英雄"。管理者有此信念，员工才愿意也才敢于多多去做，否则我们即使指出员工"多做多错，少做少错，不做不错"的观念错误、有害，亦是徒然。管理者"发愤忘食，乐以忘忧"，更应该抱持"只顾耕耘，不问收获"的心态，这才是孔子所说的"无所为而为"的精神，唯有真正"无所为而为"，才能到达"知其不可而为"的伟大境界。

现代化的中国式管理仍然是中道管理

人类由天地生出来，人类世界就是精神世界与物质世界的结合。汪先生进而肯定：人类既非如神话所说，由神创造而成，或单为天所生；亦不是如达尔文所说的，由猿猴进化而成，或单为地所生。果真人类为神所创造，人类绝不致如此之坏；果真人类为猿猴所进化，人类绝不能如此之高（人类能创造文化，其他猿猴至今仍难以如此）。所以他推断人类在精神世界与物质世界之间，自成一个世界；好比子女为父母所生，亦于父母之间自有一个人格一样。

新儒家大哲方东美先生曾经指称："对立感"乃是西方人根深蒂固的特性。西方人，特别是欧洲人，向来具有"二分法"的本能，所有事物都一分为二，彼此敌对。整个宇宙，被他们割裂成表象与实体、现象与本体，或者自然与超自然，姑不论其所用的名目为何，都是一分为二，然后便很难再进行和谐沟通。这种"恶性二分法"，使得西方哲学家偏向于"二选一"的极端。他们不是相信人类为神所创造，就是肯定人类为猿猴所进化。一方面，人是神的形象，而另一方面，人又是兽的化身，两者既然不能兼容，人就成为一种内在的自我矛盾。德国哲学家雅各布·伯麦（Jacob Boehme）甚至建立一套"神魔同在"（God–Lucifer）的形而上学理论，以便使宇宙的截然二分更为突出。

管理的偏道思想，也使西方管理学者无法忘却劳资对立，把劳工与雇主划分成为两个截然不同的阶级。在劳工方面，希望工资越高越好，工作时间愈短愈好，工作环境愈安全愈好，一切劳动条件愈优厚愈好。而在雇主方面，却是工资愈低愈好，工作时间愈长愈好，工作环境愈简陋愈好，一切劳动条件愈简单愈好。两者的立场与要求既然不相同，在权利与义务的关系上也就难求一致。

偏道思想，也导致西方管理界始终把"人"和"业绩"视为对立的两个概念。弗雷德里克·温斯洛·泰勒（Frederick Winslow Taylor）希望施加压力使工人获得高业绩，令人不满，引起人群关系论者重视人际关系的主张。但是人乐意了，业绩却往往低落。目标管理企求加以统合，方向十分正确，可惜"组织的高业绩"与"达成高业绩的人"分立，仍旧摆脱不了偏道二分法的窠臼。

西方管理所造成的种种现象，如职业专门化、教育商业化、商业竞争化、礼节表面化、宗教形式化、艺术实用化、道德相对化，以及生活机械化，实际上都是偏道思想影响的结果。中国思想却迥然不同。《中庸》宣示："唯天下至诚，为能尽其性；能尽其性，则能尽人之性；能尽人之性，则能尽物之性；能尽物之性，则可以赞天地之化育；可以赞天地之化育，则可以与天地参矣。""人"是宇宙间各种活动的创造者及参与者，其生命气象顶天立地，足以浩然与宇宙同流，并且参赞化育，止于至善。在天、地、人浩然同流，一体交融中，彼此都是创造动力的一部分，因而形成协和一致的整体，方先生称之为"广大和谐"（comprehensive harmony）。

广大和谐使得天、地、人三界，性质不同，同时并存，互相影响，看似格格不入却能互相包涵，协调一致。这种中道思想，各国哲学家虽然也有不少的贡献，但均不如中国儒家，特别是孔子贡献最大。方先生比较中西思想，认为中西方对人和宇宙的关系可以分成三种不同的看法，足资佐证：

第一种，在希腊人看来，人和宇宙的关系是"部分"与"全体"的和谐。譬如在主调和谐中叠合各小和谐。宇宙包括社会，社会又笼罩个人，形成"三相迭现"的和谐。

第二种，在近代欧洲人看来，人和宇宙的关系是二分法所产生的敌对系统，有时是二元对立，有时是多元分立。

第三种，在中国人看来，人与宇宙的关系，乃是彼此相因，同情交感的和谐中道。

中道思想使中国人深信：真理不在两相对立的偏道之一，却在两者之间。例如群我问题，个人主义与集体主义相对；人我问题，利他主义与自私主义对立，均各有所偏。其他如绝欲主义与纵欲主义、世界主义与帝国主义、无政府主义与国家主义、家庭神圣主义与自由恋爱主义、人定主义与天定主义、自然主义与文化主义等，都是偏道思想，均非真理之所在。

修己安人的管理历程，便是在这些相对的偏道之中，找出广大和谐的中道。我们一方面要实现自我，所以必须殚精竭智，发挥潜能，务期天赋的生命得以充分完成。一方面又要仁以安人，对一切人类相爱，对所有事物友善，务求天与人和谐，人与人感应，人与物协调。

这样的管理，非但显示了人性的伟大，而且表现了中国人的智能。

我们学习西方管理，已历二十几年。"日本第一"的表现，又使许多人大声疾呼，要学日式管理。殊不知美式管理的基础，在于"个人主义"；日式管理的基础，便是"集体主义"。个人主义者认为个人是最真实、最有力的；所有组织，不过是个人的结合。我国的庄子、阮籍、刘伶也都有过这种主张。集体主义者反过来指出团体或整体才最真实、最有力，个人只是抽象名词。我国的荀子、司马迁等人也曾提出类似的观点。但是究其事实，真理存在于二者之中，并不在二者之一。

中国管理现代化，既不可能也无必要采取"个人主义"或"集体主义"为基础，因为真理不在二者之一，而且中国人自古至今，亦未以二者之一为其中心思想。我们的基础，乃是建立在二者之中的"交互主义"。孔子的中心思想是"仁"，仁就是"相亲相爱"。"亲爱"而必"相交"，即知"仁"本自交互性的"中"而引出。孔子说："夫仁者，己欲立而立人，己欲达而达人。"当下自我为"己"，当前对我为"人"，而"仁"即盘旋系织其间而无阻。管理者应做有道德的管理者，员工应做有道德的员工，组织内上下共同努力，组成一个有道德的团体，这才是"人之所以为人"的管理。

就"交互主义"的观点来看，劳资冲突以至对立，殊无必要。只要确实施行合乎人情的管理（时下有些不明白"人情"真义的人，到处痛责人情，我们本着恕道，委实不忍心给予指责），确定合理的工资及适当的工时，同时设置必要的安全与卫生设备，便不难获得和谐的劳资关系。而上述各项，都属安人条件之内，可见劳资交互设想，即可相亲相爱，便能做到仁以安人的地步。

"人"和"业绩"，统一在"安人"的大目标之下，人不安固然不能称为"安人"，业绩不佳也将导致不安，亦不足以"安人"。管理者真诚安人，员工岂有不奋发努力，缔造更佳业绩之理？

朱子《絜矩》一诗云："物我由来总一般，四面八方要平看。己如欲立人俱立，民既相安我始安。异体莫如同体视，彼心当即此心观。有能强忍功夫到，不信推行是道难。""是道"便指"中道"。为了中国人永久的幸福，中国管理现代化必须发扬真中道精神，而彻底丢弃假中道（乡愿）作风。

真中道精神，便是隋末大儒王通所说的"唯变所适，唯义所在"。前者为"权"，后者即"经"。执经达权，才能从容中道。所以中国管理现代化，就方法而言，仍是"经权管理"；而就精神论，则"在《易》为二五，在《春秋》为权衡，在《书》为皇极，在《礼》为中庸"，依旧继承"始于中，止必中"的中道精神，这才是"继旧开新"的现代化的中国式管理。

05

情理法兼顾
才能安人

我国传统观念强调情、理、法，视之为管理的最高原则。情、理、法乃是仁、义、礼的通俗化说法，代表孔子思想的三种不同层次，构成立体的观念架构。现代人将它当作平面的理念来处理，因而产生众多的误解与流弊。

　　有些人主张情、理、法三者兼顾，乃至重情而不顾理、法，徒然使情蒙受了不白之冤，被众人斥为现代化的一大阻力。不过，如果把情归结为农业社会的产物，指明工业社会并不需要情，似乎又说不过去。有些人认为情、理、法三者孰轻孰重，应该因时而异，因此主张私的场合，情重于法；公的场合，必须法重于情。但是公私分明之处，固然方便，而若干公私难辨的场合，又将如何？其实，一个人假若能够理智地适当调整自己的态度，又何惧情之有？也有些人大声疾呼：情、理、法的时代已经过去了，现代化的管理非改变为理、法、情不可。我们如果发问："先生如此怕情，敢是无情的人？"答案必然是否定的。因为人多半自信自己的情为善情、纯情、真情，却片面地论断他人之情为恶情、滥情，这也是人之"常情"。

　　情、理、法是"所重在理"，由于"理不易明"，很容易形成"强权即公理"，或者造成"严酷的礼教"，反而不合理。所以孔子才把它提升为情的层次。此情乃是仁心的自然流露，从"心"（意义）从"青"（声音），为"心之美者"（"青"字含有"美好"的意思），深深值得我们重视、珍惜与实践。

情、理、法所重在理

　　情、理、法的次序，情在理先，法在理后。一般人觉得情最要紧，理在其次，法最不重要。许多弊端便因此而生，落得众人交相指责。实际上，中国人受到中庸之道的影响，自有其独特的次序观：情、理、法三者，理居其中，而居中为吉，所以它的次序意义，应该是"以情为先，所重在理"，如图5-1所示。我们由情入理，务求合理合法，可见主要在求得合理。

　　这种排列方法，在我们的文化生活中到处可见。例如：人与人的关系，综合为群、家、己三层，重点折中在家。各人对自己的修养，有张、节、弛三态，我们重视对自己的节制，折中在节态。时间区分为过去、现在、未来，我们常说"好汉不提当年勇"，又说"将来的事十分遥远，管它做什么"，主张以现在为中心，以求承先启后或继往开来。

图 5-1　理居其中为吉

我们从实际生活来考察，也不难发现，中国人确实是最重视道理的。我们常说："有理走遍天下，无理寸步难行。""蛮法三千，道理一个。"从小就听说"读书要明理，做人做事务必按照道理"，并没有"读书为了有情"或"读书为了守法"这一类的话。我们与人发生纠纷，便要商请第三者出面"评评理"，得理的时候，就会心安；理亏的时候，往往不得不俯首认错，赔个不是。

每一时代都有一些"不讲理"的人，那是"小人"，不是大家所欣赏、赞美的"君子"。至于说现代社会不讲理的人越来越多，则是教育及风气的问题，与"情、理、法"的排列次序，应无重大的关系。

法是基础，大家都应该共同遵守

依垂直式的思考，法在情、理的底层，是整个建构的基础，如图
5-2 所示。

情	引导
理	中心
法	基础

图 5-2　法是基础

孔子的管理思想，以"从周"为起点，用现代话来说，就是：
"按照盛周的典章制度，以调整君臣上下的权利与义务。"任何组
织，如果成员都能够各依其名位而尽其所应尽之事，用其所当用之

物，则秩序井然，彼此皆安。即以角色理论而言，"从周"就是"角色期待"，而"正名"则为正常的"角色演出"。有些人一直以为只有法家才讲法，因此用人治和法治来区分儒、法，实在都是偏见或误解。孔子重"礼"轻"刑"，认为"道之以政，齐之以刑，民免而无耻。道之以德，齐之以礼，有耻且格"。他缩小政刑的范围，把"刑""法"安置在"礼"的"节度秩序"中，认为组织成员如果能够"约之以礼"，切实做到"非礼勿视、非礼勿听、非礼勿言、非礼勿动"，那就不至于触"刑"犯"法"了。

"礼"观念是孔子学说的起点。孔子之学，由礼观念开始，进至义、仁诸观念，其特色即不停滞在礼观念上，而能步步升进。不像法家那样，固执于法，却不能着眼于法、理、情的升进过程。

"礼"（法）在管理上的应用，即所谓制度化。任何一种制度，在创立之初，必有其外在的需要，也有其内在的用意；绝不是凭空地出现的，亦不会无端消失。但是不论什么典章制度，绝不会只有利而无弊，也绝不会只有弊而无利。同时它虽拟定成文，其实仍免不了跟着人事随时有变动。再好的制度，也无法放之四海而皆准，行之百世而无弊，仍然应该随时随地而调整。

古今中外一切制度，一般都不会永久好下去；日子久了，都可能变坏。所以"制度管理"还得要靠人来创立、修订和推行，否则必定僵化，形成"官僚管理"。任何典章制度，都是一种普遍形式，不可能照顾到所有的特殊情境，何况个人或组织经常出现新的情况而难以事先预测，更是无法妥善应付"例外"或"两可"的事宜。

制度化是管理的基础，它只是管理的起点，正如"礼"（法）是孔子学说的始点，必须不停滞地向上提升，才能达到管理的完善境界。

制度有其空间性及时间性，既不可以盲目移植，亦不能不加改善，须随时加以改进。

　　管理的情、理、法以法为基础，组织成员必须共同遵守。然而"崇法务实"乃是成员的基本素养，有待进一步"毋必""毋固"，突破"死板"的"制度"而求其充分适应时空的变迁，这才是"不执着"。

"摄礼归义"，合理必然合法

当代哲学大家劳思光先生指出：孔子的仁、义、礼学说，依理论次序讲，以摄礼归义为第一步工作。义即正当或道理，君子"无适""无莫"，唯理是从，并不抱持特殊的态度，所以"义之与比"。

原来孔子一方面吸收当时知识分子区分礼、法的观念，认为仪文种种，乃是狭义的礼，不过是末节；建立节度秩序，才是广义的礼，亦即礼的本义。一方面更进而肯定义是礼的实质，礼是义的表现，一切制度仪文，整个生活秩序，皆以正当性或理为其基础。孔子说："麻冕，礼也。今也纯。俭，吾从众。拜下，礼也。今拜乎上，泰也。虽违众，吾从下。"用麻布或丝绘制冕，只是仪文，既然用丝绘制冕可以节省民力，便不必据守传统，所以孔子主张"不从旧礼而从众"。

但是礼无大小，都应该有一定的理据，并不是随意曲从习俗就可任意改变的。时人虽改在堂上拜谢，实在是不恭，所以孔子认为它缺乏理据，宁可违背众人，还是坚守拜于堂下的礼。制度仪文的修改与否，即从众与不从众的分野，在于道理或正当性的理据，孔子说："君子义以为质，礼以行之，孙以出之，信以成之。君子哉。"他把这种道理或正当性的理据，肯定为义，即摄礼归义。

在孔子之前，谈"礼的基础"时，往往归之于天道，认为"奉礼"即"畏天"，人应该奉礼的理由，即在于"礼以顺天"。孔子脱离原始信仰的纠缠，把"礼的基础"确定在"人的自觉心"或"价值意识"，即以义代天。劳思光先生认为："至此，一切历史事实、社会事实、心理及生理方面之事实，本身皆不提供价值标准；自觉之意识为价值标准之唯一根源。人之自觉之地位，陡然显出，儒学之初基于此亦开始建立。"

从情、理、法的架构来说，法是人定的，日久终将不合时宜，必须依理改变，才能合用。许多人口口声声强调法治，自己却从来没有看过相关书籍，只因受到"摄法归理"的影响，认为合理必然合法，一切唯理是从，当然不必去翻阅相关书籍了。万一合法而不合理呢？既然此法已不合理，本身就有修改的必要。

在管理上，制度化是管理的起点，不可没有制度。但是制度必须不断生长，一方面要根据理论，一方面又要配合现实。以理论为制度的精神生命，以现实为制度的血液营养。既不能否定传统制度背后的一切理论根据，亦不能忽略现实环境里面的一切真实要求。制度如果墨守成规，势必毛病百出；制度如果任意乱变，那又谈什么制度？所以制度化之后，紧跟着要合理化。一切典章制度，都要随时求其合理。太阳会下山，制度也有失效的时候，这种"日落法则"，正是制度合理化的精神。经常修订典章制度，使其适合时空的变迁，符合安人的需要，才是合理的。

　　管理的情、理、法要求成员在"崇法务实"之外，仍须发扬"不执着"的精神，"毋意、毋必、毋固、毋我"，随时随地机动调整管理制度及方法，以求"不固而中"。方法不固定，却一定要命中目标！

"纳礼于仁"，凭良心就是合理

由礼进至义，是孔子思想的终点。仁可以说就是爱，由"毫无私累的公心"所发出的爱，就是仁。人能够去除私念，确立公心，则是超越一切制约的纯粹自觉，而显出最后的主宰性，孔子说："我欲仁，斯仁至矣。"仁者立公心，毫无私累，于是对一切外界事物，皆能依理做出价值判断。孔子说："唯仁者能好人，能恶人。"劳先生指出，"好恶"若就情绪意义讲，则一切人、一切动物皆有好恶，何必"仁者"？他推定孔子的意思是指好恶如理而言。儒家重"义利"之辨，认为从私心则求利，从公心则求义；仁既然系公心，则仁为义本。因为义指正当性，而人之所以能求正当，即在于人能立公心。公心不能立，必然溺于利欲；公心能立，才能循乎理分。立公心是仁，循理是义，所以孟子说"居仁由义"，明确肯定仁是义的基础，义是仁的表现。由此可见，义之依于仁，有如礼之依于义，如图5-3所示。

图5-3　仁、义、礼的关系

　　依理论程序说，礼以义为其实质，义又以仁为基础。但由实践程序来看，人由守礼而养成"求正当"的意志，并进而由此意志唤起公心。在实践过程中，礼义相连，无法分别，所以孔子说："克己复礼为仁。"即由礼而直达于仁。

　　法必须依理制定，而理不易明则是判断上的一大困难。北宋哲学家张载说："天理者，时义而已。"天理是普遍的公理，必须因时合宜，所以是随时适应的。时乃变动情境中的适应力，提醒我们切实把握当前的环境或处境，考虑往昔所遵守的规范是不是赶得上变动不居的社会，以求得适中易行的方法。儒家讲求经权，便是因为理可以如此，也可以如彼，理不是无定则，但人在特殊处境中，有时候可以违反明显而确切的规律去做道德决定；但违反明显而确切的规律，并不是道德的全盘否定。为了适应特殊处境的需要，他是在依顺了另一种或另一层规律之后，才放弃或违反了原先的规律。因此，表面上违反规律的行为，就一端看，好像是道德规律失去了实际效用，实质上真正失去的只是一时不能适应特殊处境的规律形式，而以能解决当前难题的另一规律代替了它。

著名哲学家熊十力先生说："经，常道；权者，趣时应变，无往而可离于经也。""理"因时而"变"，必须"权不离经"，才是变而能通。西汉学者扬雄说："夫道非天然，应时而造者，损益可知也。""道"就是"理"，并不是永恒地存在那里，却是为适应不同的处境变化而创造出来的。人如果一味地坚持原则，不知变通以求适应，终将因过分保守而失败；相反地，假若只求适应而不顾原则，也可能导致理想的丧失，亦即"离经叛道"了。

怎样解决这个难题呢？那就是"应时而造道"，既求适应，又不失正道。要做到这种地步，唯一的办法，就是"诉诸自己的良心"。王船山（即王夫之）说："道生于心，心之所安，道之所在。"心安则为之，心不能安即不为。因为一切调整，如果能够使自己心安，那就是合于道合于理了。

心安便是"情"（心之美者）。"情"与"欲"不同，欲是饮食男女声色货利之欲，情则是喜怒哀乐恶惧之情。孔子认为人应该有一种合理的感情生活，鼓励我们正当地流露内心纯真的情。他所主张的"情"，是"不忧不惧"的"坦荡荡"的心情，不但"乐以忘忧，不知老之将至"，而且穷达不易其乐。"情、理、法"的"情"，是指心安理得的情，亦即发乎仁心而中节的情。

管理的"合理化"，有赖于管理的"人性化"。合乎人性的管理，才是合理的管理。"情"表示管理人性化，管理者一切凭良心，便能合乎天理。将心比心，用"己所不欲，勿施于人"的心情来建立、修订和推行所有的管理制度，就是"克己复礼为仁"的表现。

"不固而中"，系指变来变去都通，并且越变越能达成组织的目标，此即"情"的每发皆中节，实际上就是中庸。每一措施，俱皆恰到好处。

情、理、法即仁、义、礼的实践

孔子学说先"摄礼归义"，再"纳礼于仁"。礼以义为其实质，义又以仁为其基础，因此仁、义、礼三观念合成一理论主派，正好贯穿孔子的学说，成为后世儒学思想的总脉，如图 5-4 所示。

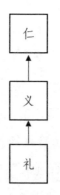

图 5-4　仁、义、礼一以贯之

陈大齐先生指出：自古以来研究孔子学说的人，大都只注重孔子所提倡的仁，以为孔子思想的精髓，一个仁字即足以尽之。事实上，孔子固然十分重视仁，但一个仁字犹未足以概括孔子思想的全部。他认为孔子思想，如实说来，乃是仁义合一主义，不是唯仁主义。仁必须有合于义，义亦须关联着仁。仁而不合于义，不足以为真正的仁；义而不关涉仁，不足以为真正的义。陈大齐同时指出，孔子思想之所以能够垂诸百世而不惑，放诸四海而皆准，虽在核子时代仍然值得提倡弘扬，实当归因于其仁义合一的主张。因为仁如果不必合于义，则爱之很可能足以害之，可见徒仁不足以收获理想的效果。必待有合于义，而后始能保其有益而无损。

不但"仁与义合一"，而且"义与礼合一"。孔子所说的"义"与"礼"，自其所具作用而言，可谓完全相同，都具有指导、节制与贯穿诸般德行的作用，亦即诸德必须合乎"礼""义"，才不致流而为乱。

再就其适用而言，义是随应变迁，没有定型，以变应变，可以说是相对的；但在相对之中，应付任何事情，于不固之外，又须求其中肯，不容有所失误，以此不变应万变，又有其绝对的一面。同样，礼在浅的一层，是可以损益的，可以变动的，因此是相对的。但就其深的一层看，则是不可损益的，不可变动的，实在又是绝对的。义与礼在兼具绝对性与相对性的性质方面，也是完全相同的。

"义"与"礼"的关系，是互为表里的。孔子说："质胜文则野，文胜质则史，文质彬彬，然后君子。""质"是"实质"，"文"为"形式"，陈大齐先生指出"有诸内的义"，是质；"形诸外的礼"，便是文。文质彬彬，表示义礼并重，才算得上是君子。

言仁必及于义，所以仁义并称；言礼亦必及于义，所以礼义并重。仁、礼都不能离开义，都要义之与比，十分符合以中为吉的原则，仁、义、礼三者，义居其中，成为权衡仁、礼的标准。孔子说："可与共学，未可与适道。可与适道，未可与立。可与立，未可与权。"（《论语·子罕》）他依高下深浅，把这四件事分成四个层级，"可与共学"最为简单，属低浅的一层，能做得到的人较多；"权"最困难，属高深的一层，能做得到的人较少。所用以权的"义"，委实是不容易判定的，如图5-5所示。

图5-5　难易的层次

中国哲学重实践，许多高深的哲理都变成通俗的谚语，普遍流传，务求耳熟能详而日常施行。仁、义、礼的实践，就是情、理、法。中国人情理并称，而又法理并重，情、法都离不开理，所以情、理、法乃是所重在理，如图5-6所示。

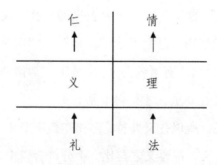

图5-6　两者相通

情、理、法在管理上的表现

情、理、法缺一不可

"情"显现为管理的"安人之道",亦即以珍惜、关怀的爱心来消减成员或群体的不安,使其在安居乐业的情境中,努力做好自己分内的工作。"爱惜管理"乃是合乎人性的管理,所以"情"表现为管理的人性化。

"理"就是"义",也就是"宜"。孔子说:"无可无不可。"任何管理措施,如果用得其宜,便可;假若用失其宜,就不可。管理没有"万灵丹",必须随时随地调整,其可或不可,要靠义(理)来裁决。因此"经权之道",便是确立"共识",以此不变的常道为"经",然后"执经达权",并求"权不离经",以期变而能通,亦即达到管理合理化的地步。

"法"就是"礼"。员工再怎么希望自由自在,也无法不接受两种无可奈何的限制：一为"命"，一即"礼"。中国人不喜欢任何人"无法无天"，便是肯定所有的人都要"崇法""知命"。孔子不谈"命"，只是"知命而不认命"，前者为"尽人事"，后者即"听天命"，所以中国人常说："尽人事以听天命。"孔子重视"礼"，"礼"就是典章制度和行为规范，是每一个人尽其自身的"角色期待"。"礼"化为管理的"絜矩之道"，因为西洋人控制行为的力量，主要靠法律，礼仅是次要的。传统中国则不然，法律只是辅助的工具，礼却居于主导的地位，法律的制定，是不能违背礼教精神的。法律的推行，主要依赖外在的权力，人遵守法律往往是被动的。维系礼的效力，有赖于传统的习惯和经验，经由教化的过程使人产生敬畏之感，所以人服礼多半是主动的。组织成员仅需设身处地，依着"所恶于上，毋以使下；所恶于下，毋以事上；所恶于前，毋以先后；所恶于后，毋以从前；所恶于右，毋以交于左；所恶于左，毋以交于右"的原则，凡遇有利益时，先为他人着想，再为自己着想，便未有不合"礼"的。不过为了团体的纪律以及团队精神的增强，以"将心比心"的心情来建立制度，也是十分必要的。因此"礼"的表现，就是管理的制度化，如图5-7所示。

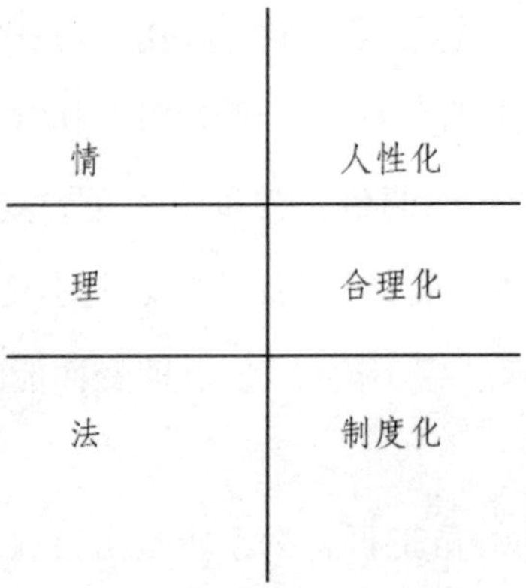

情	人性化
理	合理化
法	制度化

图 5-7　管理的层次

　　制度化是管理的基础。组织的典章制度，是成员必须共同遵守的"法"。制度要经常调整，以求合"理"，员工感觉公平、合理，才是管理合理化。但是"理"往往是客观而呆板的，我们如果认定一条道理顺着往下推，就成了极端，不合乎中。事实像是圆的，假若认定一点，拿理智往下去推，结果成为一条直线，不能圆，也就走不通。因此管理者唯有以庄严的态度，由内而外，务使自己心存乎仁；克己律己，以规范自身，使无逾越。于是由伟大的同情心（仁）发出无穷尽的爱，视人如己，公而无私，爱人助人，崇礼尚义，必要时牺牲小我，以成全大我。这样就可以流露自然而无私心的"情"，仿效孔子的"一任直觉"来调整。因为"仁者"实在就是"遍身充满了真实情感的人"，而"不仁者"也就是"脸上嘴角露出了理智的慧巧伶俐，情感却不真实的人"。管理者充满了真实情感，便会用"不忍人之心"来实施"不忍人"的管理，而臻于管理人性化的境界。

　　我国传统重视"常道"，而且要笃行之，叫作"务实"。务实之后，还要"执经达权"。"经"即"常道"，"权"为"变通"，在变迁的情境中，随时权宜应变，因此必须"不执着"。不执着的人，依据常道去权变，因变而能通，便是"中庸"。这"务实""不执着""中庸"三者，就是"中"的三种层次，配合着人的智能不等，依"中人以上"（高阶层）、"中人"（中阶层）、"中人以下"（基层）的区分，而有不同的表现，如图 5-8 所示。

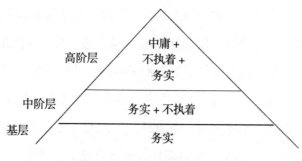

图 5-8　组织三阶层的特性

　　"中庸"是"恰到好处"，亦即"不在拘定客观一理去循守，而在自然的无不中节"。凡是拘定的必不恰好，有时反而会妨碍生机，不合天理。管理者以真实的情感而自然变化，才能够时时得其"中"。"中"与"仁"名异而实同，都是指心理的平衡状态。平衡即"安"，"不平衡"便"不安"。所以"中庸"实在就是"情"的真实而自然的流露。

　　"不执着"是"不把心思黏在特定的方向上，以免不虚不灵"。管理者要"秉持常道而权宜应变以求其通"，便须使自己的心灵"虚一而静"，才能适时应变，并且"权不离经"而能合"理"。

　　"务实"是"实实在在地去做"。一切管理措施都是要付诸实践的，无论是管理者还是被管理者，都唯有脚踏实地，按部就班，各自尽力做好分内的工作，才会有所收获。"务实"的基本表现，即在"守法"，所以说"崇法务实"。

　　"中庸""不执着"和"务实"，合起来就构成了"情、理、法"三个互相贯穿的层次。在管理上的表现，就是"安人之道""经权之道"与"絜矩之道"。

　　中国式管理，其实就是"情、理、法"的管理。凡事"以情为先"，彼此"所重在理"；"情""理"讲不通的时候，不得不"翻脸无情"，这时把"法"搬出来,大家便不会觉得刻薄寡恩、残酷无情。只要出乎真情,何必怕情、矫情、绝情?中国人希望"以德服人",所以现代化的中国管理,仍以"情、理、法"为其最高原则,如图 5-9 所示。

仁	情	人性化	安人之道	由情入理	优点
义	理	合理化	经权之道	合理处理	
礼	法	制度化	絜矩之道	依法办理	不得已

图 5-9 仁、义、礼在管理上的应用

管理是扩情的历程

中华文化最宝贵的特质之一,便是"情"。孔子倡导"德治",主张用"情"来感化;孟子区分"王道""霸道",亦即前者重"情",后者重"力"。

中国人对情的重视,并不局限于父母、兄弟、子女、夫妇和朋友,也不仅及于贫苦大众。我们不但对人有情,对物也有情。贵物、惜物,应是儒家文化陶冶下特有的心态。

管理现象,有互助也有竞争。重视互助的,便是"情的管理"。上司、部属彼此无情,哪里能够真诚互助?重视竞争的,即为"力的管理",既然无情,只好诉诸权威,以强权为公理,难怪"商场如战场"，企业也必须向军营看齐，员工才能成为生产的战士。

讲求力的管理，就不能怪员工跳槽。美国企业界，员工越跳槽越显得有能力（便是我们所说的"有办法"），越跳槽越有机会晋升，并且获得更高的待遇。然而，我们一方面宣布"企业是没有感情的"，强调"竞争才是生存制胜之道"；而另一方面，却又交相指责员工跳槽，岂非严重的矛盾？

西方人认为，人要自由，也应该独立。老板有决定员工去留的自由，员工也可以独立地工作，合则留，不合则去，不必讲求对公司或老板的忠诚。

我们的企业多数认为老板可以开除不称职的员工，然而，在感情上又希望员工"以厂作家"，对公司（老板）忠诚，并且不跳槽。同样地，有人尽力鼓吹学习日本人的管理作风，却又高喊"爸爸回家吃晚饭"。这种无法"一以贯之"的观念，表现出来就是"有情"故作"无情"；而在一般管理者，则为"怕情"而终至"断情"：他们害怕付出情，却要求得到情，只取不予，把情给断掉了。

中国有一部分人从小就未养成独立的习惯，学校教育有时也不注重独立思考的培养加上社会上守法、重法的精神不够，要把个人主义移植进来，恐怕会形成自由而不守法，容易过度享受应有的权利，却忽略了自己的义务的局面。

管理者有情，员工也有情，彼此站在同等的位置，才能够相亲相爱而得其和，而"和"是"万事成"的基础，为企业持续发展的主要动力。

管理者能够发乎情而止乎礼，他就具备喜怒哀乐"发而皆中节"的理想人格。这样一切管理措施，自然会本着关怀、珍惜员工的情，尽量求其合理化，这就叫作"时中"。相反地，自己做不了自己的主宰，当怒而喜，当哀而乐，结果毫无忌惮，因而怕情、绝情，终至断了员工的情。管理的效果，当然是越来越差。有一天发现众叛亲离，已经是癌症末期，无可救药了。

我们常常骂人不近人情。不近人情的人，是大家所厌恶的。管理者一旦标榜自己不近人情，对于现代化的人性管理，也构成莫大的障碍。现代化的管理者，应该也是不愿自陷于不义的。

现代中国人，绝对不反对培养公德心，绝对不否认法的重要和守法的价值，我们反对情之恶，亦即由于私心、偏心、欺心、疑心所引发的不和之情。我们以公破私、以正破偏、以诚破伪（欺）、以信破疑，便是《中庸》所说的"自明诚"的修养功夫。孔子是实践主义者（力行近乎仁），他最看不起那些饱食终日、无所用心、坐着不动的人。只要我们抱着"弗能弗指"的决心，坚持遵循而行，绝不半途而废，便能克服"不中节"的缺失，使其"中节而和"。管理者"发而皆中节"，就不用"怕情"，便可能放心实施"情的管理"，真正达到人性化的境界。

日本索尼公司创建人盛田昭夫，认为"经理人应该将员工视同自己的子弟一般"，后来索尼公司又将这种"关爱员工"的理念应用在美国索尼分公司的运营上，结果非常成功。虽然美国的 MBA 总认为管理就是决策的技巧，但是真正具有丰富管理实务经验的主管，都不讳言对员工的关怀和珍惜才是重要的管理之道。而关怀与珍惜，就是真情的流露。

假若一位管理者，有本领让他的部属跟他一天，发生一天的感情，跟他三天，发生三天的感情，久而久之，彼此的情浓得化不开，

"你中有我，我中有你"，请问跳槽的情况如何会产生？三国时期，曹操曾经一再以高薪、高职劝诱关公，而关公未为所动，足证情谊重于利益。

中国管理者应该明白"合则留，不合则去"乃是人之常情，唯有动之以情，自然地留下部属，才是上策。事实上，管理者自己也是人，也有人情的需求，他同员工一样，需要被了解和同情。得到员工谅解和拥戴，便是获得员工至情的表征。依据作用、反作用定律，不信任将引起更大的不信任，而爱则会唤起超乎其本身的爱。但是，爱如果让人觉得强迫领情，则将引起反感，产生极大的不悦，所以诚是情的基石。

管理者诚挚地关爱员工，使员工乐于尽心尽力，处处体谅管理阶层的苦衷，彼此以和为贵，企业安得不顺利发展？同仁哪有不互助合作的？

不必怕情，不用矫情，更不能绝情，因为管理本来就是扩情的历程。

06

守经达变才是
安人的正道

管理的原则是"经权"

何谓经权

全世界的管理，事实上都离不开"经权"，但都没有儒家说得那么清楚、透彻。经即常道，为"不易"的原则，现在叫作共识。权是权宜应变，为"变易"的措施，通常叫作变通，含有越变越通的意思。

管理的对象，无论"5M"（人力——manpower、财力——money、机械——machine、方法——method、物料——material）、"7M"（"5M"加上：市场——market、士气——morale）或者"10M"（"7M"加上：管理信息——management information、管理哲学——management philosophy 及管理环境——management environment），都随着时空变化而变动，管理者必须随机应变，以求制宜。但是漫无目的地变动，或者一味求新求变，很容易走入"为变而变"的歧途，往往变而不能通，甚至越变越不通，反而失去"变通"的本意。这时，共识的建立，也就是变动原则的确定，便成为当务之急，唯有彼此把握"不易"的共同准则，朝向既定的目标，才能越变越通。

孔子说："可与共学，未可与适道；可与适道，未可与立；可与立，未可与权。"共学、适道、立，在人生发展的阶段上，都很不容易做到，孔子却认为行权比这些更难。"立"，即一切言行都立得住，也都站得稳。而其所以立得住、站得稳的原因，则是由于切实遵守组织的典章规范，未曾有所违犯，亦未尝有所逾越。孔子说："立于礼。"又说："不知礼，无以立也。"正反合说，表示"立"与"礼"有着密切的、不可分离的关系。所用以"立"的，实非"礼"莫属。儒家主张"克己复礼"，孔子始述尧舜为君之道，而申传表扬文武的法度，用意即在托古勉今，期待能唤起大家的自信心，不至于丧失志气。但是人皆有欲，有欲不能不求，如果求而没有界限，势必引起争乱。孔子一方面要求"正名"，一方面也倡导"复礼"，使组织成员各有其分，各人的行为均恰如其分。"立"用现代的话来说，就是"制度化"。管理者了解了"立"的意义，便应该审慎地依照组织内在的用意与外在的需要，建立合适的制度，以实施制度化的管理。

制度化是管理必经的过程，却不是良善的管理。任何制度，即使十分适合外在的需要与内在的用意，也不可能绝对有利无弊。一切遵照制度办理，势难顺应两可或例外事宜，同时行之日久，也不免官僚化、僵化；管理制度确立之后，必须再赋予适当的弹性，这就是权。《荀子·不苟》说："欲恶取舍之权，见其可欲也，则必前后虑其可恶也者。见其可利也，则必前后虑其可害也者，而兼权之，孰计之。""权"的意思，即详察事情的利害，审慎地比较以定取舍，亦即衡定可否，以求权变能得其宜。"权"包含了"求新求变"，却不限于"求新求变"。强调求新求变，原本就是一种偏道。它令人误以为"新"即"进化"，因而胡乱断定一切"旧"的都不如"新"的，以致盲目求变，失掉了根本。美国前国务卿约翰·福斯特·杜勒斯（John Foster Dulles）在明尼苏达州建州一百周年庆祝大会中曾说过："我们生存在一个瞬息万变的世界，变化已经成为人生的铁律，衡量事物以其变化的情形作为尺度，然而这并不意味着每件事都在改变，有些原则是永恒不变的。要使变化有规律而且是向善的，我们就必须切实把握这些原则。"

不错，变迁是不可否认也不容忽视的事实，求新求变已经成为一种重要的活动。但是，那些不受时间影响且不可更改的价值观念，同样也是不可否认也不容忽视的事实。管理者应该"有所变，有所不变"，秉持孔子提示的原则："义之与比。"一切取舍，都应该取决于"义"。何者当为，何者不当为，哪些应该变，哪些不应该变，"义"就是衡量的标准。朱子注释说："可与权，谓能权轻重使合义也。""权"可以说是管理的"合理化"，因为"义"者"宜"也，便是"合理"。

近代管理者，深受达尔文进化论的影响，几乎只知有变，而不知有常。因而重视"变的法则"，却严重忽略了"不变法则"。管理者如果一方面强调"制度化"，另一方面又力主"求新求变"，不免形成以制度管理员工，而管理者自己则拥有充分的自由来求新求变的局面。假若如此，岂非口口声声"法治"，最后都变成"人治"了？

"权"除"求新求变"之外，还应该合"义"，亦即所有"新"的改"变"，都必须合"义"。"一切权宜应变都应该合义"，这是不易的常道，我们称之为"经"。"义"没有定型，必须靠知识、思虑来决定。管理者在应变的时候，不能够像循礼那样，只要依照成规去做就可以了，所以"权"比"立"难。管理合理化，事实上要比管理制度化高一个层次。

孔子把人分成中人以上、中人和中人以下三种，孙中山先生称之为"先知先觉""后知后觉""不知不觉"三等人，希望他们分知合行。组织成员，如果各自依"义"权变，由于彼此标准不一，知识程度不同，思虑判断的结果也不一样，难免纷乱不堪。所以上级交付下来的"经"，就是下级应该遵循的"义"，明白规定只可依此权宜应变，不可擅自改"经"变"义"。当然，上级的"经"必须光明正大、公正无私，因此管理的先决条件是"修己"。上级的"经"，有赖于下级真诚秉持着去做适当的权变，所以管理的最终目的在"安人"。部属得安，就会相信上级的"经"，才会真心诚意地去调整应变。

前文说过，"经权"的"经"，即《易经》中的"不易"；"经权"的"权"，系《易经》中的"变易"。儒家倡导"持经达权"，使中国五千年来从容融合外来文化而仍能中道，成为中国人长久以来共同沿用的管理方法。

管理者一本"经权"，便能做到朱子所说："凡其所行，无一事之不得其中，即无一事之不合理，故于天下国家无所处而不当也。"管理者确立若干管理信念，并且坚持"权不舍本"（亦即"权不离经"）、"权不损人"、"权不多用"的原则，同时"经"的订立以安人为导向，建立"权是为了经的达成"的共识，那么所有的管理工具与方法，都可放心运用了，如图6-1所示。

《大学》首章，朱子称之为"经"，实乃世界上最为完备、最系统的管理哲学。这应该是管理者的共识。它不但是"初学入德之门"，而且是"管理者必有的理念"。

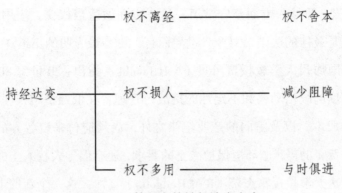

图 6-1 管理者的持经达变之意

经、权的必要性

管理的内容可以说异常复杂，非但受时间（时）、空间（地）的限制，而且随人事的更替而变迁，必须"守正持经、权宜应变"，才能够应对组织内外环境的实际需要，以求制宜，收到宏大而良好的效果。

孙中山先生说过："夷险不测，成败无定，而守经达变，如江河之自适，山岳之不移。"20世纪70年代发生的能源危机、通货膨胀、经济萧条以及国际政治情势的剧变，真是夷险不测；若干管理良好、制度素称健全的大企业，在不利情况的冲击下纷纷崩溃，果然成败无定。企业面临此种挑战，欲求"自适"（自求适应环境的变动）、"不移"（保持永生，免除遭受淘汰的命运），唯一的途径，就是"守经达变"。

守经达变，就是"守正以持经，权宜而应变"。"经"，就是"常"；常道常则，叫作经。守经的意思，便是"坚守常道"。"变"系"权术"，引申为"变通"。达变是为了顺应时势的变迁，而做"适当权变"。"守经达变"，乃是一方面坚守常道，另一方面做适当权变。应用在管理上，正是最佳的法则；对今日世界而言，更是最光明的正道。

美国加州大学教授贾可贝（N.H.Jacoby）指出：20世纪80年代，由于高度的政治动荡和不定性的挑战，管理者在低经济增长率、昂贵的资金成本，以及脆弱的产业纪律之外，尚须应付来自各方的压力，包括消费者的需求、环境保护人士的要求，还有倡导人权人士的要求。佛罗里达大学教授霍杰茨（R.M.Hodgetts）宣称："这一个新的十年中，环境的变迁太迅速了。作为一位现代经济人，不得不紧紧追随这重大的变迁。"

事实上，早在1977年，美国权变管理理论体系的建立者卢桑斯（F.Luthans）和斯图尔特（T.I. Stwart）这两位管理学者所倡议的"权变理论"（Contingency Theory）便已经指出：世界上没有任何一种管理方法能够适合全部的情势。因而提倡：举凡组织结构、激励程序，以及领导作风等关键性的变量，均须斟酌当时当地的情势，而有所调整。

这种"权变管理"，鼓励管理者依据自己的需要，任意选用职能的概念、计量的概念、行为的概念或系统的概念。诚如管理学大师彼得·德鲁克（Peter Drucker）所称的"变动中的管理世界"，西方管理近年来极力主张在变动不居的情况下，尽量通权达变，以谋求适应。

"通权达变"的理论很快传到了中国，许多人马上想到它的一些反义词，如"墨守成规""刻舟求剑""故步自封""胶柱鼓瑟"等，并用之以形容现有的管理，认为处处谨守"祖制""家法"，事事依照"规章""制度"，自然不能适应环境，由"知变""应变"而"求变"。追根究底，又归罪于"以不变应万变"的保守传统。

中国传统思想果真缺乏"变化"观念吗？中国人自有历史以来，一切思想、学术、政治、宗教，无不直接、间接渊源于《易经》所涵的学理。"易"的本义，是"更换""改变""代替"的意思。易学的真谛，即在阐明宇宙循环的定律，肯定所有事物都不断变易、交替，有长必有消，有消必有长。所谓阴阳消长，即新陈代谢、生生不息。爻辞所表现的"物极必反"观念，就是古代中国思想中的"变化"观念。

至于"通权达变"的精神，孔、孟时代已予强调。孔子说："可与共学，未可与适道；可与适道，未可与立；可与立，未可与权。"主要告诉我们，唯有能够自立的人，才可以讲求权宜之道。孟子说："男女授受不亲，礼也；嫂溺援之以手者，权也。"《孟子·离娄上》表示礼法也有权变的时候。

庄子超脱名利和死亡，却也重视权变，他在《秋水》中说："知道者，必达于理；达于理者，必明于权；明于权者，不以物害己。"庄子认为善于权变的人，不会让外物有伤害自己的机会。所以至德之人，火不能烧死他，水不能淹死他，寒暑不能损害他，禽兽也不能伤害他。并不是说他自身逼近危险，能不受损伤，而是因为他能辨别安宁和危险，安守穷困和通达，进退都极端谨慎，以至于没有物能伤害他。

然而，中国人通权达变的意义，乃是对应着"经"或"常"而言的。宋明理学家所说的"理一分殊"，指出理有可变的，谓之"权"；也有不可变的，叫作"经"。"权"即"经"在万殊之事中的运用。

张晓峰先生更认为"守经达变"才是中国人的民族性之一。在《中国文化与中国民族性》中他举《论语》所载，子谓颜渊曰："用之则行，舍之则藏，惟我与尔有是夫！"（《述而》）以及子曰："鄙夫可与事君也与哉？其未得之也，患得之；既得之，患失之。苟患失之，无所不至矣。"（《阳货》）证明用舍行藏、出处进退不失其正的，才是理想的人格。此与患得患失、无所不至的鄙夫，大相径庭。推论到管理上，则虽有风雨如晦的不景气，企业在通权达变之际，仍应坚守其光明正大的社会责任。

处常与处变，守经与权宜，一向为中国人所重视。"经""权"的关系，有两种不同的看法。一是"权不离经"，熊十力先生说："夫道有经有权，经常大立，权应万变。变体其常，故可于变而知常；权本于经，守贞常而不穷于变。故权行而后见经之所以称常道者，正以其为众妙之门耳。""经"是"常道"，而"权"为"趣时应变"，所以"无往而可离于经也"。一是"权与经反"，宋朝李觏说："常者，道之纪也；道不以权，弗能济矣。是故权者，反常者也。"他主张"事变矣，势异矣"，便不能"一本于常"，却应该"离经反常"。

这两种论调，中国人多半是选取"权不离经"的。《春秋·公羊传》说"杀人以自生，亡人以自存"，固然也不失为权宜应变的一种方式，但杀人、亡人为离经叛道的行为，是一种反常的做法，所以"君子不为也"。

中国企业界出现的"一窝蜂主义"，就是"离经反常"的表现。大家竞相追逐短期利益，忘记了"企业应该永生"的根本，徒然引起恶性竞争，谁也不敢想象明日的景况。

这种弊病在以往轻工业阶段也有，但对于发展中的资本密集型或技术密集型产业，将会产生更为不利的后果。因为轻工业的资金投入较少，盲目求变，即使迷失了方向，损失还不会太大；资本密集或技术密集产业投入得多，一旦乱变，造成的后遗症委实不堪设想。

创新是企业成长的动力源泉，《大学》引商汤的盘铭说："苟日新，日日新，又日新。"可见中国传统也是倡导"日新又新"的，不过中国之所以用中字为国名，就是由于中道乃我国的国魂。张晓峰先生把中道解释为"合理化"，合理化的创新、合理化的权变，才是合乎中道的行为。引进新的理论或观念，也是创新的活动之一。西方的"权变管理"，我们不妨吸取其精华，勿使过与不及，才能获得合理化的权变，也才是中道的管理。

链 接

原文：*汤之盘铭曰*："*苟日新，日日新，又日新。*"

主旨：说明管理者应该遵循的纲领。

解析：商汤的盥盘上面，铭刻着这样的警语："管理者和被管理者，都应该真诚地自我要求每天都有新的表现。如果这样的话，大家就能够天天有新的进步，每一日都不间断。"

为政的道理，既然以亲民为重点，所以施政当然要以民意为依归。但是民意是变动的，必须通过管理者的谆谆诱导，发挥最大的教化力量以导正民意，使大家日新又新，符合时代的需要，成为顺应时代的民众。贤明的管理者，应该重视教育，获得百姓的拥戴，改革旧法而实施新政。亲民和新民，其实是一体两面。亲民的目的，在于促使百姓成为新民。新民的功能，有赖于亲民来达成。

管理者一方面以大众的需求为导向，一方面则教化大众，使其需求合理化。只有合理的需求，才是正常的市场导向。管理者一方面以大众的需求为导向，一方面则教化大众，使其需求合理化。只有合理的需求，才是正常的市场导向。完全采取市场导向，而不判断其合理与否，是缺乏社会责任的不良表现。

　　企业管理过分强调市场导向的弊端，现在已经十分明显。不断地创新，缩短产品的寿命周期，使得生产者紧张忙碌，也使得消费者永难满足。可见市场导向必须以合理为标准，而不是片面地求新求变。

　　《易经》中与"中"观念相配的，便是"时"。孔子讲《易》，倡导"知进退存亡，而不失其正"的"时中"心法。清代学者惠栋在《易尚时中说》中写道："易道深矣！一言以蔽之曰：时中。"时中的意义，是在和谐中求均衡，从均衡中求进步。近年来少数人视"冲突"为"权变"的同义词，亦即以"和谐""均衡"为"不知权变""不能进步"的最大障碍，完全不了解"从容中道，与时俱进"的道理，不明白在不断变动的过程中，依然可以求和谐，获得均衡，并因而得到真正的进步。

　　管理的最终目的在安人，不能安人的权变，就是"权与经反"。这种权变，极容易导致组织内部的冲突，纵使有利，亦是短利、小利，乃至于假利。唯有"权不离经"的权变，才能够在安人的"常道"中求得改善，获得进步。多年来我们引进西洋学说、观念，已经深受"盲目移植"之苦，现在管理界正在鼓励权变，亟盼能以"守正以持经，权宜而应变"的中道，作为权变的衡量标准，毕竟守经达变才是管理的正道。

管理的基本方法是“经权法”

注重方法是西方文化的特色之一。方法论在中国从未成为显学。中华民族在智力方面，备受嘉许。与中国接触较为频繁、对中国了解稍为深入的其他民族，无不同声称赞。不可思议的是，中国对第一流人物的智力，如孔子、老子、墨子、庄子、曾子……已有方法使之发育、成长、成熟，使其做出贡献；但对于第二、第三流的，则无良好方法可以促其登堂入室，与古贤先哲相切磋以矫正个人的人格。近世以来，在科学及有条理的方法方面，更自愧不如西方先进国家，难怪青年学子黯然自卑。

其实，中国人自有其极为高明的方法，特别是表现在几千年来包容与融合外来文化这一方面，尤其具有辉煌的成就。《中庸》记载：“仲尼祖述尧舜，宪章文武；上律天时，下袭水土。譬如天地之无不持载，无不覆帱；譬如四时之错行，如日月之代明。万物并育而不相害，道并行而不相悖。”这种“并育”“并行”的观念，培养出我们“容纳异己"的民族性。对于外来文化，我们并不排斥，却有一套非常灵巧的方法，加以消化整合，使之变成中华文化的一部分。

这一套方法，不同于西方的辩证法、批判法、演绎法、归纳法、直觉法、比较法、现象法、发生法、分析法、综合法等哲学或科学的方法。它也不是中国人经常使用的"体会法"，虽然"体会法"已经容纳辩证、分析和综合的历程，辅以"欣赏""参与""冷眼旁观"和"设身处地"等情意活动。这使西方人头昏眼花，干脆否定它是一种方法。但此一方法，乃是超越时空限制的，为中国历代所用，实际上亦可为世界各地通用，我们称它为"经权法"。

中国式管理，自有其根源。近年来大量输入西方管理理论与方法，造成诸多困扰。依我国传统，我们殊无必要亦无任何理由排斥西方管理，但是我们有必要，使西方管理融于中国管理哲学，这才是真正的中国管理现代化。具体方法，唯有重拾古方，好好运用"经权法"这一法宝。

"经权法"是"常道与变通的法则"

《中庸》："修道之谓教。"钱穆先生解释说："人道包括天时地利及社会人群，故需随时随群而修。周公所讲的道，孔子出来修，以下仍需不断有人起来修，此便是修道之谓教，亦即司马迁所说的通古今之变。有变便需有修，但尽有修，还是这一道。这是中国人思想。"真理只有一个，这是"经"；真理为求实现，必须随着时空及社会人群的实际需要而有适当的权变，即为"权"。"经权法"便是"常道与变通的法则"。

　　"凡为天下国家有九经"，"经"指"经常不变的法则"，中国人秉持这些"道义法制的常道"，所以"万变不离其宗"，可以放心大胆地"通权达变"。《中庸》说："道也者，不可须臾离也；可离，非道也。"道的本源乃是出自天命而不可更易的，古往今来，中国人不管怎样修，不管怎样变，却还是这一道。中国人讲变，但在变之上又要讲一个通，就是要求通于道。

　　"权"即"通权达变"，是对应着"经"或"常"而言的。《论语》记载，子曰："可与共学，未可与适道；可与适道，未可与立；可与立，未可与权。"中国先哲认为：自知乃知人之始，能自知的人，才可与共学；学以学做人，然后可以适道；信道要笃，才能独立不挠。所以唯有能够自立，也就是朱子所说的"笃志固执而不变"的人，才可以讲求"通权达变"。

　　"经""权"合起来说，就是"理有不可变的，亦有可变的；不可变的为'经'，可变的为'权'"，但在中国人看来，"权"不可与"经"反，因为"权"是"经"在特殊之事中的运用，所以"权"必须与"经"保持同质的变。宋明理学家常说的"理一分殊"或"一本万殊"，正是由"经"与"权"的关系转化而来。

　　当然，"经""权"也有异质的变，此即"权与经反"。宋朝李觏说："常者，道之纪也；道不以权，弗能济矣。是故权者，反常者也。事变矣，势异矣，而一本于常，犹胶柱而鼓瑟也。"这种"杀人以自生，亡人以自存"的权变方式，纯属"离经叛道"，素为君子所不为。所以熊十力先生说："经者，常道；权者，趣时应变，无往而可离于经也。"

"经权法"是中国式管理的基本法

《易经》中的"道"，在管理上有两个具体的含义：

第一，管理的最终目的。管理的最终目的在安人，这是长久不变的常道；时代变迁，安人的条件势必随之有所变易，但条件尽管改变，安人的目的却不可变。

第二，实现管理最终目的的策略。任何机构要求安人，必有合适可行的义理制度，并审慎地发展成为当时的政策或策略，通常以宪法、法律、条约、规则、合约、议决、公告、命令等形式出现，而为成员一致遵行。

孔子说："吾道一以贯之。"这"一以贯之"便是孔子哲学方法的核心，所知、所言、所行，都要以一个中心观念、根本原则贯穿起来，才不致"乱本""忘本"或"害本"。有了这个"一以贯之"的"道"，然后"多闻，择其善者而从之"的时候，才能够获得"善"的具体标准。根据"善"的标准去分析内外环境，当然容易选择自己所需要的而扬弃自己所不需要的，因此可以放心多闻、多学而无害于己。例如中国思想以"立德、立功、立言"为人生的"三不朽"，因为中国人肯定人应该活在其他人的心里。但是事实上人又是"走向死亡的存有"，所以必须"立德、立功、立言"，使自己在后代人心里永远保存，就和永远活着一样，即为不朽。孔子由此引申出"人与人相处，不要存一人之见，更不要专在自私的功利上打算"，否则人心所固有、所同有的"仁"（爱人之心）就不能成为中国实际人生的理想大道。中国式管理，亦因而将"使人安分乐业、使人身安心乐"视为不易的目的。唯有安分乐业、身安心乐，才能安心，也才是行仁。

　　孔子为什么选择仁道呢？因为他赞成"命"的观念。管理内外环境的复杂，人事的变动，随时可能发生不可预测的事件，无论管理科学如何发达，资料如何齐全，处置如何缜密而快速，结果如何，终是无准难凭。证之以 20 世纪 70 年代，若干素称管理良好、业绩优异的大企业宣告崩溃；而比较 20 世纪 70 年代对 80 年代的预测，差距委实太大，似乎不能称为"预测"。由此可知宇宙间确有人力所无可奈何的"命"在。既然利害得失非人力所能全部控制，不如回转念头，把握自己内心的情意，也就是切实做好可控制的部分，尽其在我。至于大大小小的风险，能否安然渡过，毕竟有其客观的限制，所以"子罕言利，与命与仁"。命是不必然的，而仁却是必然的，孔子说："仁远乎哉？我欲仁，斯仁至矣。"这是中国人用"仁"来安定管理者与被管理者的主要原因。

　　知命的人，才不会盲目地以"妄测心、必然心、固执心、私己心"来从事管理，所以无论管理者或被管理者，都应该秉持"毋意、毋必、毋固、毋我"四端，才能安命成仁。但是孔子深知人有智愚的差异，为了顾及大多数不知不觉者，乃有订立义理制度的必要。员工共同遵守法则，自然所言所行，都能从容"中"道。

　　管理者欲求达到"安人"的目的，使员工自动自发、尽心尽力做好分内应做的工作，便应该认识到世界万物都在不断变化的事实，应对内外环境的变易，以求得最为适当的对策。换句话说，要唯"时"适变，使每一事物都能够"因时制宜"。但是，所有权宜变更，务必秉持"权不离经"的原则，才不致"权与经反"而误入歧途。把整个机构导入不安的情势，那就不能中道了。

　　中道的标准，亦即权变的法则，我们认为下述三个要目是中国式管理所不可忽视的：

第一，权不越法，也就是权不舍本。成员间利害不同，难免竞争，产生怨怼之气，以致影响和谐融洽。各人无不寄望管理者借权变的力量，对自己有所助益。管理者如果越法特准，结果只会更增加成员内心的不平，不如坚持权不越法，一切权变，都在法令许可范围之内。管理者一方面切记法必须随时修订，使其切合时宜，勿成"呆法"；另一方面则开诚布公地表示："我可以尽量帮你的忙，但我相信你也不愿意叫我违法。"当能取得大家的谅解，促进成员之间的和谐。

第二，权不损人。大家害怕权变，不愿权变的原因，是权变往往损害某些人而又有利于另外的某些人，造成"几家欢乐几家愁"的场面。在结果尚未明显的时候，总是反对的多，赞成的少，形成恐惧权变、阻挠革新的心理。实际上权不损人，才能得宜。管理者如果坚守此一原则，当然可以建立部属的信心，使他们不但不反对权变，而且深信权变有利于大众，因而表现出欢迎的态度。权不损人，主要功夫在协调，协调费时劳神，固属事实；不协调所引起的弊端，要设法消除，恐怕更费力更伤神更浪费时间。这是管理者不可不详加考察判明的。

第三，权不多用。权是特别的变通，权变太多，严重影响到常规，会引起成员对于常规的怀疑，使成员失去遵守的信心。常规是经，但经也要随着实际情况而做适切的调整，这才合乎经权的精神。常规时常变更，常常权变，显见已经失去了经的正确性与可靠性，不如从根本上修订原来的常规，使之更为公平合理。况且权一多用，机构内无法维持层层节制的常态，员工不理会组织的层次，一心盼望最高主管能够特别通融。各级主管，不是形同虚设，就是不敢也不愿负责。可见权不多用，才能消除"呆人"与"呆法"。

依老子的说法，管理有如烹小鲜：不可不求变易，也不可轻易求变。管理者在一切变化因素之中，要时时把握变中之常。常即是"经"，"经"是"不易"，也应该及时"变易"，才是切合此时此地的"经"。世间万物不断变化，唯一的不同，就是时间有久暂之分。对"经"而言，时间较为持久，空间较为广大。通权达变的目的，乃在求取经的达成，所以变易之中，要力求"不易"，亦即坚守"权不离经"的原则。这经权的相辅相成，管理者有责任把它弄得十分简易，使不知不觉的员工，由于经权的简单化和明朗化，得以易知易行。

管理者是服务人，应该确立若干原则，并且用最明白最清楚的语句，让员工完全明了：他的大部分责任，是在掌舵，使目标正确，也就是使这些原则获得适时的调整，而又能够适当地沟通，或使员工知之，或使员工由之，适时明确的服务，以期员工安分乐业而又身安心乐。员工则扮演感应人的角色，首先肯定服务的价值，对管理者具有无比的信心与强大的向心，在既定的目标原则下，主动发挥自己最大的潜力。只要"权不离经"，尽可放心去尝试新的方法、创造新的成果，因为中国人对结果与过程同等重视，甚至认为过程重于结果（仁重于命）。员工都知道，即使犯错也并不要紧。"人非圣贤，孰能无过。"最要紧的是，真心认错（自讼）、设法补过，并且切记教训，做到"不贰过"。管理者不但不会处罚（刑、法），而且还会给予适当的安慰和勉励，使他"心里不要觉得有这回事"，保持愉快的心情，更加努力去感应。真正的中国式管理者，体会孔子"老者安之，朋友信之，少者怀之"的启示，是会这样做的。

"经权法"可以促进中国管理现代化

"经权法"使我们融合不断传入的外来文化,也促使中华文化持续成长更新,发挥《大学》所说的"苟日新,日日新,又日新"精神。

例如印度佛教主张"无我""利他",与中国出世的观念十分吻合,我们立即予以采纳。而佛教思想原先为消极厌世的,中国佛学则将其转变为积极入世的。佛教解脱,原有信解脱与见道之分;南朝竺道生特别提到悟、信两途:悟为发乎内心的知见,信是信奉外面的教言。悟发信谢,冲淡了宗教的信仰精神,使佛教符合中国"重于见理、轻于受教"的传统思想的基本态度,遂把佛学融会到中国思想上来。

依此推论,一切西方管理的理论或方法,均可通过"经权法",将其消极地整合于中国式的管理之中,以促使中国管理现代化。中华文化的可贵之处,在于"持续中有变化,变化中有持续"。中国管理现代化,务必把握两个重点:一是求其变,一为求其久。因为仅仅求变,变到失去了根本,那就等于推行西方管理,势必遭遇"全盘西化"同样的阻碍，产生忽视空间因素的诸种弊病。假若一味求久，专注于持续而不知变化，那就等于恢复古代中国的管理，自然无法应对现代环境变化的需求，发生忽视时间因素的各种祸端。中国式管理的"经"，要使其在永恒中获得日新万变，亦即对"经"赋予新的时代意义，注入新的时代精神，以求历久而常新。中国式管理的"权"，要在日新万变的"权宜应变"中把握住永恒持续的精神，使其万变不离其宗。无论如何变化，总还是中国式管理，总还是适合中国特性、符合中国道统，这才是中国管理现代化的最高价值之所在。

"经权法"在中国式管理上的应用，如图 6-2 所示。

西方管理，一向遵循自然科学的道路，采用自然科学的研究心态。20 世纪初至 20 世纪 70 年代，无论早期的管理理论或者现代管理的程序学派、计量学派、行为学派乃至后来的系统学派，均在追求"持续"的管理法则。早期管理理论认为科学方法可以解决所有管理问题；程序学派视管理为一项程序持续发展的架构；计量学派运用合乎理则的方法来构筑种种教学模式，认为只要找出"最适化"（optimization）与"次适化"（sub-optimization）就能解决复杂的"决策"（decision making）；行为学派侧重"人际沟通"（interpersonal communication）和"组织沟通"（organizational communication），并通过有效的激励以增强领导的效能；系统学派把组织看成一个"开放系统"（open system），以"弹性平衡"（flexible equilibrium）为特征，已经启发了"变动的平衡"（moving equilibrium）的"变化"观念，不料情势甫转，刚好碰上 20 世纪 70 年代的能源危机，徒使管理面临许多无可奈何的困境，促使西方管理掉过头来，强调"变化"的重要性，因而出现了世上没有任何一种法则适用于全部"情势"的"权变理论"。

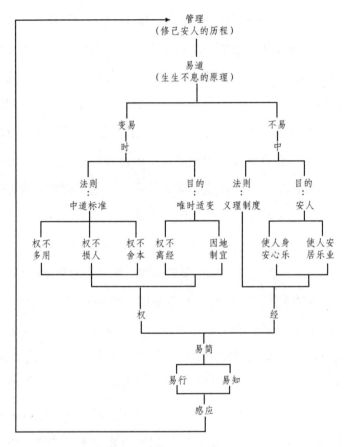

图 6-2 "经权法"的应用

自然界现象，固属"变化的便不持续；持续的即不变化"，有如氢与氧变成水，便不再有氢与氧，但文化生命，则绝不相同。管理既然不属于自然界现象，就应当有其文化精神，无法将"持续"与"变化"断然分开，这是中国吸收西方管理学说时首先应该重视的"经权精神"。

其次，中国管理现代化，要拿什么做"经"，来融合一切外来的管理理论呢？我们把握"易简"的精神，依据近百年来中国现代化的经验，肯定"伦理、民主、科学"，乃是中国管理现代化的"经"。

伦理

　　中华文化首重伦理。依照中国文字的本义，"伦"就是类，"理"就是纹理，引申为一切有脉络可寻的条理。说明人对人的关系，包括分子对群体的关系、分子与分子间相互的关系，亦即个人对于家庭、邻里、社会、国家和世界人类各种关系所应表现的正当态度。

　　伦理与法制不同，伦理是从人类本性上启发人的自觉。从一个人的修身推到亲亲，再从亲亲推到仁民爱物。凡是人类，必有与生俱来的天性，爱父母、爱家庭，以及对于同族同国人的相爱相恤，推而至于爱全人类，实在都是天性。中国管理现代化，应该以伦理为出发点，来启发父子之亲、兄弟之爱，推而至于邻里乡土之情和机构组织乃至民族国家之爱，以提醒每一个人对国、对家、对组织、对人、对己的责任，使其知所感应、有所感应，以扩大管理的效果。

民主

　　孔子主张容纳异己，这是现代民主的基本条件。民主的基本精神，就是自由与独立，亦是权利与义务。要自由先要能够自强，然后才能享有自由；而且自由是有范围的，不能只享受权利而不尽义务。要独立就必先要自立，其理由是相同的。怎样才能自立自强呢？那就是每一个人都要至少尽到自己应尽的义务，也就是守纪律、负责任。中国式管理，想要成员守纪律、负责任，唯有树立民主的精神，才能有效。但是世界上各个不同国家所表现的民主，仍有其缺陷，仍有其流弊，或存有种族的歧视，或造成卑劣驱逐贤能的弊端。孙中山先生曾同意

"以更多的民主，去革除民主的流弊"，希望"以更多的民主，去打击反民主、假民主"，特别是欧美式的民主，必须加以合理的调整，才能符合中国的国情。中国管理现代化，当然包括中国管理民主化，任何机构均应以"合理的民主"为依归。

科学

中国人重实际，喜欢对事物现象的表现做如实的描述。科学技术的发明，为时甚早，其中陶瓷、纸、印刷、指南针、火药等，对于人类文化尤有重大的贡献。欧洲的文艺复兴、工业革命以及海外发展，都是接收中国物质文明的结果。今日西方人以为科技发明功在他们的科学家，处处显现"忘本"的态度，不免有得意忘形之嫌。最可惜的还是中国人看见人家的成功，想到自己一时的情况远不如人家，也信以为真，竟然五体投地地佩服别人的智力才干，非但丧失自信心，而且患了"忘祖"的毛病。但是，中国管理科学化的时候，我们必须警觉：中国所需要的科学，不是反人性的以屠杀、殖民、毁灭为能事的科学；中国所珍视的，乃是"保民"与"养民"的科学。我们所要的科学精神，是求精求实的精神。因为真正的科学，其精神在求合理与真实；而其方法，则在彻底与精密。

把握"伦理、民主、科学"的"经"，我们便可以对一切外来的管理理论与方法做出评判，做出调整。尽可能采用西方的合理方式，融入我们的传统精神，逐渐变成中国自己的东西，而不再是纯粹的"舶来品"。例如劳资关系，西方因为受到约翰·洛克（John Look）的影响，往往认定"不是劳方压倒资方，便是资方压倒劳方"，彼此利害发生冲突，自非对立不可。但就中国伦理观念来看，人人同有一颗爱人之心，如果大家都按照孔子所说的方法，各人"尽其在我"，则劳资关系是可以转化的。资方努力创造一个合适的工作环境，让劳方感觉得到照顾与关爱，并因而产生强大的向心力；劳方感到个人受到器重，受到鼓舞与激励，心知感应，因而尽一己之心，尽一己之力，把分内的工作做好，让资方觉得所有消极性的人事管理都没必要而趋于"无为"，进一步消除劳方心里"以工作换取薪金"的感觉。机构之内，充满着孔子所描述的"老者安之，朋友信之，少者怀之"的气氛，那还有什么"劳""资"的区别呢！所以在中国管理现代化中，劳资关系应该转化为"以和为贵"，彼此和谐相处，互敬互爱，才合乎中国伦理的精神。

然而，我们并不认为，劳资之间和睦相处，便不需要工会一类的组织。依照中国管理民主化的观点，劳工工会的存在，对企业和整个社会都非常有益。原来欧美资本制度盛行，劳工为了对付资本家专利、保护劳工地位与提高劳工福利，于是组织工会，以求制衡。中国是伦理社会，并不需要制衡。依中国人的观念，资方和劳方所谋求的目标，最后是一致的，大家共同以"安人"为目的，不过公司和工会所注重的要点各有不同，借着双方的协调合作，更能加速"安人"目标的达成。公司与工会之间，诚心诚意相待，和衷共济相处，从不同的角度提供宝贵的意见，自不同的立场考虑相同的问题，不仅能加速公司发展，还能提高员工福利。

再就科学的取向来看：劳资关系，有如车的轮子，如果一边大，一边小，车子就很难正常地前进，必须维持两边的轮子大小相同才好。因此当一方的力量较大时，要肯为对方的发展而出力，有如此的度量才是可喜的。公司和工会双方的力量相当平衡，才能形成最好的劳资关系。

由此可见，中国管理现代化，既不抱持"没有工会省掉麻烦"的保守心态，也不坚持"所有工会运作比照西方"的西化心态，更彻底扬弃"弄个假工会装装门面或骗骗劳工"的虚伪心态。我们通过"经权法"，拿"伦理、民主、科学"的"经"来过滤西方式的劳资关系，建立对公司与工会都有助益的工会制度，双方尽可根据实际情势，做适当的权变，以解决问题，增进双方的福利。

"经权法"在中国管理现代化的应用，如图6-3所示。

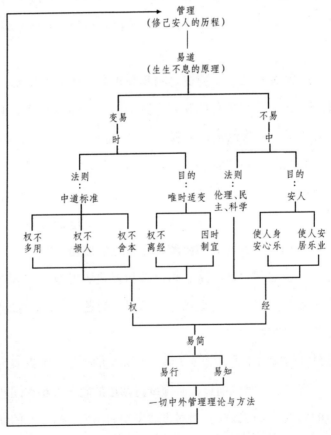

图6-3　现代化的"经权法"

07

具有象棋特色的
安人模式

就我国目前情形而言，除去固有的传统思想以外，西方的文化和思想显然已经成为当代中国人（尤其是知识分子）的精神传统。即使我们想要摆脱，也无计可施。这固然是由于：生存在某一时代某种环境中的人，很难不受当时当地思想的影响。我们今天在学校受的是西方式的知识教育，家庭内的陶冶因电视的侵入而解体。社会上所重视的，则是西方的科学技术。正如德国哲学家马丁·海德格尔（Martin Heidegger）所说，科技基础始于希腊的古典哲学。另外还有一种重要的因素，就是中国文化不提倡锢蔽的宗教信仰与狭隘的国家民族观念，传统的仁者无敌以及虚怀以至广大的精神，也是西方文化毫无阻拦、顺利输入我国的莫大助力。

中国管理的象棋模式

德国社会学家卡尔·曼海姆（Karl Mannheim）认为思想无法脱离日常生活，因此深受社会因素的影响。每当管理科学工作者谈论起他们的观点时，总会出现这样的论调："有关的研究与分析，应先设法建立模式。"于是，继美国模式、日本模式之后，大家都热切地关心："中国管理能不能建立它的模式？"如果无法建立，似乎就不足以称为"中国管理现代化"。

"模式"（model）的原始意义，与"模型"相同。而"模型"的解释，则是"模仿实物的原型，缩小制成的样品。""概括地说，模型是一事实的再现。一般是将事实的结构予以简化及抽象，然后在某些特定的意义上，使简化和抽象后的系统与原系统相似，有助于研究者了解事实。"

我们周遭形形色色的现象，事实上不可能完全采用模型来表现。但因为真实世界的现象太过复杂，只好运用抽象的方法，做理想性的简化表示，这就是模式。

中国管理的模式，可以用中国人所熟悉的象棋来代表。凡是精于象棋而又能体会到其中精神的，便能够充分了解中国管理的精髓。象棋俗称"象戏"，是一种"仿真的游戏"，由两人在棋盘上按位布棋，以攻死对方的将（帅）为胜。

中国管理的"象棋模式"，包含天人合一、确立制度、公平竞争、组织精简、各施所长、互依互赖、无为而治、民主自治、竭尽心力、贯彻始终、千变万化与和平融洽等 12 个特性，无不有利于达到安人的目标。

天人合一

天人合一思想，是儒家哲学的基本信念之一。孟子首先指出天的根本德性，即含于人的心性之中；天道人道，实一以贯之。他认为人之所以异于禽兽，即在人的心性与天相通。他说："尽其心者，知其性也；知其性，则知天矣。"

宋代理学，更进一步形成一个根本观念。宋明理学奠基者之一的程伊川说："道未始有天人之别，但在天则为天道，在地则为地道，在人则为人道。"孔子虽然不明言天道，但亦表现出尊天、顺天的观念。敬天即所以爱人，爱民即所以尊天。中国人的天人合一观念，实际上包含了天定胜人与人定胜天两种看法。中国人的思想，不偏于天定胜人，也不偏于人定胜天。如图 7-1 所示。

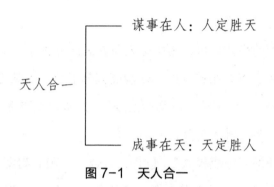

图 7-1　天人合一

　　象棋中的每一枚棋子，都有其特定的才能，也都有其尽心尽力的意向。但是否得遂所愿，全在下棋的人如何布局与运行。假定棋子为人，则下棋的人即已扮演了天的角色。"天之生物，必因其材而笃焉"，下棋的人没有不谨慎细心，好好运用每枚棋子的；至少不会存心不良，把自己的任何一枚棋子拿来白白送死。然而外来因素的影响，内在心神的不安，乃至棋力稍逊，那就无可奈何，只好认命了。

　　所以《孟子·尽心》之后，立即承接《莫非》，指出人生的吉、凶、祸、福，没有不是天命的。孔子说："不知命，无以为君子也。"君子应该按照中庸的道理，"居易以俟命"。

　　这种观念，表现在中国式管理上面，则为"人时时刻刻在为自己盘算，做各种计划，但是天也同时在为每一个人做计划。人所做的计划，必须与天所做的密切吻合，才能够获得圆满的效果"。我们从"谋事在人，成事在天"的启示中发现，任何计划都应该顺天应人，所有目标都必须光明正大。这样的管理，才有成效。天所做的计划，便是我们先天带来的命，可以说是与生俱来的生涯规划。而我们所做的计划，则是后天的人生规划，两者配合，即为天人合一。

确立制度

一般人依据孔子所说的"其人存则其政举，其人亡则其政息"，推断"为政在人"就是孔子"人治"的思想；大家看到《明法》主张"以法治国"，便认定管子是"法治"的先驱；韩非"立法以治民定国"，即为真正的"法治"。因而人治、法治对举，互较长短利弊，造成莫大的谬误。实则孔子不完全主张人治，他是相当重视典章制度的。他的"从周"，便是采取以往实施过的善法而重加实行。不过孔子觉察到徒法不能自行，必须用"仁爱"的原则来补救，才不致像周代那样，制度虽粲然大备，终究不能久远维持。强大而文明的周室，在平王东迁之后，便濒临衰乱危亡的命运。

象棋的制度十分完备。两人对面而坐，一伸手都是去拿黑子，彼此客气地要对方持用红棋，这是礼让的开始。让不过的人，占用了红子，即宜秉持"占红不占先"的规矩，请黑棋先走。同时将、士、象、车、马、炮、卒等，各有各的走法，双方都要遵守规定。到了最后，胜负已经十分明显，胜方先说："承让，承让。"败的人也不妨说一句："毕竟棋高一着，佩服之至。"从头到尾，有其完整的制度，但如下棋的人不知或故意不予遵从，那也是徒法不足以自行，难免争执、吵闹一番。

中国式管理当然重视制度的确立，因为主观的意愿必须化为客观的组织制度，才能产生作用。但是，任何制度不论多么完善，终免不了有漏洞，而且时日一久，流弊丛生。所以一方面要有合适的人来执行，另一方面也需要贤明的人来批评、反省，不断努力修正，绝不容许因循懈怠。

公平竞争

《礼记·礼运》说："饮食男女，人之大欲存焉。"孔子处理欲的方法，是"因势利导，把它引向正当的途径上去"。他认为"己欲立而立人，己欲达而达人"的"欲"，是人人可欲的对象，都应该把它导向高尚的途径，使其充分发展，尽量获得满足的快乐。然而，孔子认为实现可欲的对象，亦应使用正当的手段，必须"以其道得之"。他说："君子无所争，必也射乎！揖让而升，下而饮，其争也君子！"

象棋的游戏，应该是一种君子之争。下棋的人没有不希望得胜的；除非他另有企图，存心利用棋戏来讨好对方，故意隐藏实力，以"不胜"为手段，这是可鄙的谄媚。

不过，当双方棋力相差悬殊时，我们也不愿意看到一方屡胜，给另一方带来太多的挫折感。这时可以采用让子的方法，譬如让一车或一马，甚至双车或双马，以求彼此旗鼓相当，寓有公平竞争的用意。

管理上，我们也认识到人有欲望，才有管理的可能；否则不论什么管理方案，都将得不到适切的反应。但是，人有欲望，组织也有目标，于是人与人之间、组织与组织之间，势必有所竞争。我们希望机构互助，却也不反对公平的竞争。因为正当的竞争，才是促成进步的良好动力。"对内竞争，彼此不断改善而获得进步；对外联营，以求得国际竞争力的提升"，应该是中国式管理努力的目标之一。

组织精简

中国历史一向推崇汉代的行政管理。所谓两汉吏治，永为后世称道。汉代的地方政府以县为单位，直到现在还没有改变。汉时县的上面是郡，郡的长官叫作太守，地位和当时中央政府的九卿平等。郡太守调到中央可以做九卿，再进一级就可以当三公；九卿放出来也可做郡太守。汉代官级分得少，升转极为灵活，这是一大特色。

其实，象棋就包含了对封建组织制度的隐喻，象棋分为红、黑两边，各有 16 个成员，区分为帅（将）、仕（士）、相（象）、车、马、炮（砲）、兵（卒）七个等级，组织十分精简。这七个等级又分为三个阶层——高阶层：帅（将）；中阶层：仕（士）、相（象）、车、马、炮（砲）；基阶层：兵（卒），如图 7-2 所示。

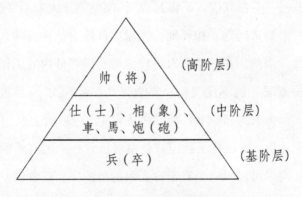

图 7-2　组织三阶层

中国人的组织最喜欢采用"兄弟会"的形态，其最主要的特色即在精简有效。当然，在初创时期，也可以采取"父子帮"的组织，父亲带领着几个儿子，一面教导，一面经营；待儿女长大之后，父亲退居顾问的位置，还是兄弟会组织。不过中国人的兄弟会，并不拘泥于兄弟的名分，也不是必然都要仿效三国时代刘、关、张的桃园三结义。它的精神在于组织成员之间的如兄如弟。彼此的关系，原本或许只是

乡亲、朋友、同学，甚至根本就是互不相识的陌生者。如今既然以兄
弟会的精神来组织，就应该赋以兄弟之实，做到"兄兄弟弟"，培育
出家族式的亲密关系。为了确保彼此能够如同手足，势必贯彻精兵主
义。组织成员，重质不重量，在精不在多。精兵主义一方面要求适才
适所，精简业务；一方面也要简化组织，减少层级，以符合现代化"压
扁式"组织的精神。

各施所长

孔子主张"不在其位，不谋其政"，便是倡导大家不要彼此干扰，
或者互为对手制造问题，相反地，大家应该放手让在位的人好好地发
挥他的长处。当然，在其位的人也应该切实做好分内的工作，才不致
造成"尸位素餐"的不良现象。要能够"各施所长"，必须先了解各
人的长处。因为人的知、性不等，"中人以上，可以语上也；中人以下，
不可以语上也"。所以孔子肯定"仲由可以管一个拥有千辆兵车的国
家的军政；冉求可以做一个有千户人家的邑的宰，或者做一个拥有百
辆兵车的家的家宰；可以让公西赤穿着礼服站在朝廷上和外宾周旋"，
而"冉雍这个人，则可以居于君长的位置"。

象棋的车，可以纵向或横向直走，对方任何阻碍，不论其职级高
低，悉数可以逐而食之。马跳日，无论东、南、西、北哪一个方向，
只要舒展得开，马腿不被别住，便可以耀武扬威，奋力克敌；炮能够
翻越障碍，攻击对方；士斜行；象飞田；卒只能进不得后退，过河以
后还可以横着走；唯独将（帅）必须深居宫中，顶多左、右、上、下
踱踱方步。各有所长，而又得以各施所长。

这种精神应用到中国式管理，便是要求成员在修己安人的过程中都要尽其才。当然前提条件是必须人有其才。任何职位，哪怕表面上看起来不怎么引人注目，都不能随便找个人填填位置，应付一下。因为不具备这方面才能的人，不了解其中的奥秘。而且外行人往往自认有自己的一套，例如"象飞田"却飞到对方的境域里去，弄得整个制度大乱，竟然沾沾自喜，认为自己飞得远，表现得出色，而不知已经坏了大局。但是，一旦人有其才，即应该知人善任，秉持"疑人不用，用人不疑"的原则，让他放手去做，以尽其才。所以千万不要处处防弊重于兴利，讲求制衡，使其无法各施所长。

互依互赖

中国的伦理，使所有中国人结成一个硕大的互依互赖网。孔子的"连带责任主义"，更使得我们彼此之间息息相关，互相依存。互依互赖的正确意义，是互助而非依赖。例如有甲、乙两人，如果"甲的义务，就是乙的权利；同时乙的义务，亦即甲的权利"，互相消而又互相益，便是互助。推而至于分工合作，则成为更复杂的互助。不幸我国旧社会误认为互依互赖即可以趁机依赖他人，因而依赖的风气甚盛。《礼记·王制》说："瘖、聋、跛、躄、断者、侏儒、百工，各以其器食之。"残疾的人，都要尽力以一艺一技来自赡，那些无所事事而依赖他人生活的，包括各种机构的冗员、呆人，实在是应该引以为耻的。

象棋的16个成员，各自可以独立作战，不必依赖他人，但是它们之间却是互助合作的。车固然可以保护马，马也可以"看"住车，不让它平白遭受对方的攻击。士、象当然是将的心腹，随时要保护着。然而紧急时刻，当士或象在将的行宫里受到袭击时，将也可以给予适当的维系，甚至奋勇地挫败来犯的敌人。卒的威力较小，而在适当的场合，照样可以攻死对方的将，或者保护自己的车、马、炮，依然有其发挥互助能力的时刻。

互依互赖的精神，使得中国式管理把员工视为部属，意思是"属于老板的一部分"，做到孟子所说的"君之视臣如手足，则臣视君如心腹"。如手如足，当然不肯任意解雇、撤职，随便砍断自己的手脚。互依互赖的基础，则是集体努力和共同责任。管理者明白"红花亦需绿叶来陪衬"的道理，知道任何事业都不是个人独力所能够完成的，有赖于同仁的互助合作，因而致力于加强这些"伦常之网"中各个"依存者"的"共识"，唤起大家"合则彼此有利，分则大家倒霉"的意识。共同努力，一起来担负责任，才能共策共力，达到真正互依互赖的境界。

无为而治

无为而治，是无为思想在管理方面的应用。这种思想，在中国历史上不只是一套理论，在汉初曾经实际施行过。传统的无为而治思想，有两个值得注意的要点：一是主张管理者无为，然后才能运用众智、众力；一是主张不扰民。无为很容易被误解为"什么都要否定"的虚无主义，所以老、庄又进一步说"无为而无不为"，用"无不为"来肯定"无为"的功效。孔子也主张无为而治，他说："无为而治者，其舜也欤？"不过孔子倡导由有为而无为，在过程上与老庄有所不同。

这种无为而治的思想，使中国人在领导上"集团性"更重于"英雄性"，到了"好像不见英雄性"的地步。例如楚汉之争，项羽显然带有英雄性，而刘邦好像没有英雄性，结果刘邦能得天下，项羽却自刎而亡。民间普遍流传的《西游记》由唐三藏领导，不由孙悟空带头；《三国演义》刘备领导更具英雄性的关公、张飞、赵子龙；《水浒传》不以林冲、武松这些十足的英雄人物为首领，却推举看起来没有什么用的宋江来领导，从中便可以体会中国人在这一方面的心思了。

下棋的时候，经常有人警告"当心他的马"，称赞"他的车十分厉害"，或者赞赏"好威风的连环炮"。我们从来未曾听说过"他的老将好厉害"，当然也一直没有人称赞过"好能干的将"。诚如钱穆先生所说："中国的象棋，车、马、炮、士、相、兵都各有各用，而车、马、炮又更具英雄性。但最高将帅，独无用，让一切有用的来保护它这无用的，岂不是一项游戏，亦十足表现着中国人的传统观念吗？"

在领导上，我们也希望管理者能够体会胡适先生当年形容美国艾森豪威尔总统"无智，故能使众智；无能，故能使众能；无为，故能使众为"的道理，尽量无为而治。《吕氏春秋》记载齐桓公在位时，遇有部属提出问题，他总是说："去问管仲吧！"部属听得多了，打趣他说："这样的国君，可真轻松啊！"桓公说："我找到了有能力的管仲，而又能够信任他，所以才能如此轻松。"然后他又加重语气说："不然，我这个国君就难当了。"

做一个有眼光、有担当、能容人、敢用人的管理者，难道不是使自己有时间得以从事"例外管理"，而部属也能够发挥潜力的最佳表现吗？

民主自治

《尚书》说："民为邦本，本固邦宁。"《周书·泰誓》有所谓"天视自我民视，天听自我民听"以及"民之所欲，天必从之"（今本已佚）等语，均指出"天的意志，在于民众"。孔子说："汤武革命，顺乎天而应乎人。"孟子也说："民为贵，社稷次之，君为轻。"《国语·楚语》上记载楚大夫范无宁的话："民，天之主也。知天，必知民矣。"《左传》中随国的贤人季梁更进一步认为"夫民，神之主也，是以圣王先成民而后致力于神"。民不但是天之主，而且是神之主，中国古代人文主义思想深厚到如此地步，中国堪称民主自治的先进国家而无愧。

象棋所表现的领导方式，就十分符合民主原则。任何一枚棋子，都不会勉强其他棋子来顺从它，大家都遵守规则，依法而行，更要极端负起责任，对自己的行动负责。这正与现代民主政治、法治政治、责任政治三大要素相符合。

至于自治，每一枚棋子都能管好自己。可行则行，不可行即止。遇有阻碍或困难，必循正道设法排除或解决，不依赖他人，也不轻易受人左右，或听信别人的意见，因为"观棋不语真君子"。而一旦下定决心，走错了路也绝对不怪罪于人，更不心存反悔，这才是"起手无回大丈夫"。

中国式管理，深信管理的对象主要为人与事。事的范围较易解决，最难的是人，所以管理实际上是一种如何把握人心的工作。依中国人的观念，最高的领导，即在充分激起同仁的自发心。而部属的自动自发，则有赖于民主的领导。因为专制的领导者，常有喜欢逢迎、厌恶批评与讨论的倾向。若干善于讨好上司的人员，容易获得晋升的机会，以致组织内的热忱者变得冷漠，能力强的人退为旁观者，大家不以组织目标为重，却集中精力以追求个人的利益，弄得整个组织毫无生气。所以民主的领导方式，尽量鼓励同仁自治，才是"修己以安人"的坦途。

竭尽心力

无论如何，工作勤劳乃是中华民族的本性之一。好逸恶劳，不肯工作的人，历来都被视为无可救药的人。中国一向以"民生在勤，勤则不匮"为教，一般读书人都以手脑并用、"耕读传家"为荣。隋末王通慨然有忧国之志，抱经纶之怀，被其教泽者，多能蔚为国器。可是他躬耕不辍，不敢自逸。有人问他：这样不是太劳累了吗？他说："一夫不耕，或受其饥，且庶人之职也。亡无职者罪无所逃天地之间，吾得逃乎？"中华民族勤劳成性，尤其是海外华侨刻苦自励，最为显著。中国人，只要让他心安身乐，他就会竭尽心力，毫无保留地勤劳工作，而且"但问耕耘，不问收获"。

象棋的 32 枚棋子，不论寒暑，不分昼夜，只要主客兴起，对面而坐，它们便随时待命，准备竭尽心力去作战。如果棋子代表劳方，下棋人就是资方，这劳资之间，实在是十分融洽的，既没有罢工的威胁，也从未出现工资、福利的争执。真正爱好下棋的人，无不爱惜、保护棋盘和棋子，把它们擦得干干净净。下完棋必定好好整理收存，更是从不虐待它们或任意舍弃它们。

中国式管理由修己而安人，便是希望所有同仁都能够肯定管理者的服务价值，因而产生良好的感应。这些"感应人"（员工）在"服务人"（管理者）民主而"无为"的领导之下，得以身安心乐，而又安居乐业。他们一方面"促成向心、增强同心、坚定信心、引发忠心"，由忠诚而表现为无比强大的团队精神；一方面"增加能力、提高群力、产生合力、发挥潜力"，由能干、肯干而不断增进生产力。管理上最大的难题，即在如何促使员工竭尽心力，尽量发挥潜力，唯有从"安人之道"出发，才能获得有效的解决。

贯彻始终

　　君子是孔子理想中的标准人格。孔子说："圣人，吾不得而见之矣，得见君子者，斯可矣。"君子应有坚忍不拔的意志，曾子说："可以托六尺之孤，可以寄百里之命，临大节而不可夺也，君子人与？君子人也。"一般人平日专门讲究小节小信，及至利害存亡之际，往往背信弃义，或颓废屈服。君子绝非如是，面临生死关头，他仍然正气磅礴，大义凛然，表现出孟子所说的"富贵不能淫，贫贱不能移，威武不能屈"的大丈夫气概。"文官既不爱财，武官亦不惜死"，一切以义为行事的准则，凡是合乎义的，即使毁身辱体、赴汤蹈火，也应该戮力以赴，贯彻始终。

　　象棋中的将（帅），固然誓死不降，每次战役总是有始有终，绝不临阵脱逃。士、相相依为命，顷刻不离左右，凡有危难，无不奋不顾身，乃至以身相殉，亦在所不惜。车、马、炮更具英雄本色，只见义之所当为，或深入敌地，以施诱敌之计；或步步为营，集结成阵，先求己之不可胜，以待敌之可胜。无论如何，都不计较个人的富贵名利，虽己身受困，也是"不以其道，得之不去也"。兵、卒安步当车，而又安分守己，只知向前推进，从不落后。对于交付的任务，亦是"讷于言而敏于行"，贯彻始终，直至死而后已。

实施中国式管理，"君君，臣臣"，老板像老板，部属也像部属，彼此由陌生人的结合而滋生出家族式的情感。组织的目标，就是大家共同的努力方向。一切事业，都不是出自一人的领导、创作或主使，而是整个集团的合作。虽然有组织，却给成员以最大的自由（从心所欲不逾矩）；彼此有等级，却赋予真正的平等（孔子主张正名，即谓任何名义，必须名实相符，此种真正的平等，就是义）。在这种正常合理的工作环境中，所有成员自然尽心尽力于分内的工作，并且贯彻始终，义无反顾。

千变万化

中国自尧舜以来，以中为立国之道。中国以中字为国名，可见这是中国民族性的特点，中的精义，在于过犹不及。孔子说："不得中行而与之，必也狂狷乎？狂者进取，狷者有所不为也。"孔子于中之外，又加以时义，所以孟子赞美他为"圣之时者也"。《中庸》说："君子之中庸也，君子而时中。"杨亮功先生认为，中必须合乎时。在性质上，中是动的，不是静的；是变的，不是执一的。在运用上，中是向上的，随着时代而进步的，不是保守或落后的。在功能上，中是本于理智的抉择，积极地力求圆满与完善，而非基于感情或一时利害，做消极的调和或妥协。但中虽然是动的、变的，却也有其不动和不变的道理，那就是中必须和时做适当的配合。如果中能合乎适时、适宜和中肯的要求，就成为此时此地不变不易的中道。中国先哲，自古即承认变是宇宙的一个根本事实。孔子说："逝者如斯夫，不舍昼夜！"老子说："大曰逝，逝曰远。"战国时名家的代表人物惠施指出："日方中方睨，物方生方死。"庄子则常说"万物之化"，肯定一切都在变动流转之中。因为我们的遭遇，是千变万化的，所以《易经》才主张"穷则变"，以期"变则通，通则久"。其实易学的精神，不穷也要变，务求与时俱进，随时随事地演进、发展，而不断求其至当。孔子说："可与共学，未可与适道；可与适道，未可与立；可与立，未可与权。"有一"权"字，我们才可以权衡轻重，损有余而补不足，在千变万化之中权宜应变，而无不适当、合宜、恰到好处。荀子说："欲恶取舍之权，见其可欲也，则必前后虑其可恶也者。见其可利也，则必前后虑其可害也者，而兼权之，熟计之。"详察事情的利害，审慎比较以定取舍，此时当以"义之与比"，用"义"来作为衡量可否的最高标准，才能够"权之而得中"，亦即"权不离经"。

象棋规则简单明了，棋子不多，易于指挥、掌握。但是厮杀起来，千变万化，几乎没有一盘棋从头到尾都是一模一样的。下棋的人，面对时时都在变化的局势，每一着棋，都必须详察利害，审慎比较，然后才知所取舍。何况两人对弈，彼此都在运用心思，猜测对方的用意，预料情势的演变，走棋更是虚虚实实、真真假假，更增加了变化的复杂性。然而千变万化之中，有其不易的"经"在，那就是通行的象棋规则，有形可见，有迹可寻，再怎样变化，也要努力遵守，才有以"立"。

"经权之道"，应用在中国式管理上，成为根本的方法。管理者务须确立若干不可变易的"经"，向所有部属详为说明，使其切实了解，并谨记在心。然后分层负责，使其"持经达变"，按照这些"经"去应付千变万化的环境，自能恰到好处。

和平融洽

钱穆先生推论中国人的个性，认为"西方人好分，中国人好合"。中国人的和合性，超过了分别性。这种和合性，表现在虚怀若谷、宽恕礼让、容纳异己、以德报怨，蔚为一种和平融洽的风气。虚怀若谷就是孔子所说的"毋意、毋必、毋固、毋我"，不可武断，不可有成见，不可有偏见，亦不可有私心。宽恕礼让先由"己所不欲，勿施于人"，进至"不独亲其亲，不独子其子"。其原则为"合于礼义，可让；不合乎礼义，当仁不让"，让本于恕，即"设身处地"的道理。容纳异己才能"万物并育而不相害，道并行而不相悖"，表现出中国人宽容的美德。以德报怨本于老子，日本在第二次世界大战之后，能够从废墟中重新振作起来，成为今日的经济大国，主要原因即在我国以德报怨。中国人具有这些和平而又融洽的特性，当然配称为王道的文化了。

前面提及象棋是君子之争，彼此都希望获得胜利，却不能诉之以暴力，或表现出乖戾之心。大家在和平融洽的良好气氛下，各尽所能，这才是下棋的正道。虚怀若谷，胜不骄败不馁；宽恕礼让，对方偶有失误，并不严词指责；容纳异己，旁观者难免忍不住多话，亦予宽容忍耐；以德报怨，屡遭败绩仍然平心静气，经常战胜也不出语不逊。具有这样良好的棋品，才是受欢迎的人士。棋局才能够在和平融洽的情势中顺利进行。

中国式管理主张愉快地完成工作，快快乐乐地把事情做好。"冲突管理"如果能够带来"虚安"，真正有助于未来的"实安"，偶尔可以为之。但是时常对立，制造矛盾，互相制衡，严密监督，都不是中国人喜爱的方式。"君子和而不同，小人同而不和"，君子希望在用人之始，就密切注意甄选，找到志同道合的人，因而以爱敬之心，作和顺之行，彼此共鸣，为共同目标而努力。组织成员，和合重于分别，一切建议，无不居于团体的利益，以平和的态度，表达其不同的意见；在融洽的气氛当中，日新又新，不断改善业务，使组织与个人，与时俱进。

　　陈大齐先生分析中国人所重视的道德，认为诸德必须合于义，方成其为美，所以义是诸德成美的条件。如何才能合于义？他列举了五个项目：所系正大，无过无不及，通权达变，设身处地，手段力求正当。

　　综观上述，无论象棋或管理，都应该遵循五大原则（见图7-3）：

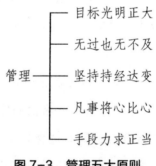

图7-3　管理五大原则

　　第一，目标光明正大，足以导人为善，走入正途。

　　第二，发挥无过无不及的效用，应宽则宽，应严则严，宜进则进，宜止则止，一切作为，均得其"中"。

　　第三，遵守常理之外，为了应对环境的变化，还应该通权达变。

但常变之间，务求权得其宜，所以要注意"权不离经"。

第四，己所不欲，勿施于人；欲有所为，最好先替对方想一想，以预测对方的反应。

第五，所有手段，都要力求正当。

可见中国式管理，可以象棋为其模式，以实现达人的目标。

建构以安人为目标的中国管理模式

美国管理大师德鲁克一再强调：管理是以文化为转移的，并且受社会的价值、传统与习俗的支配。近年来，日本人证实了"管理越能配合一个社会的传统、价值与信念，则其成效越大"的法则；新加坡的良好表现，使我们增强了"中国人也会守法守纪，也能够合作团结，也能以自己所属的团体为荣"的信心。

中国式管理，原本不需要，也没必要具有统一的模式。因为中国人喜欢"各有一套"，谁也不肯承认"我这一套是跟某人学来的"。因为我们最懂得管理的特性，必须因时制宜、因地制宜，根本不可能有一套放之四海而皆准的管理模式。

然而，管理是大同小异的过程。就其"小异"而言，管理确实各有一套。就其"大同"来看，则中国式管理仍然有其模式，否则何以肯定"如此……如此……"便是中国式管理？所以建构中国管理模式显然相当重要，尤其是建构以安人为目标的管理模式非常必要。那么我们应该遵照什么原则来建构此种模式呢？

确立固有传统、西洋精华、自我创造相结合的建构取向

中华文化在某些方面是超越西方的，若是为了生存保国，降格以求助于西方，对于中国及西方国家而言，都不是好事。这是英国哲学家伯特兰·罗素（Bertrand Russell）在其所著《中国问题》一书中所说的几句话。面对当今"过分偏重科学主义、滥用民主制度"而呈现病态的现实世界，更令人觉得这些话历久弥新。

德国哲学家海德格尔认为："传统使我们自由。"传统不但不会使我们成为过去的奴隶，而且使我们得到和传统交谈的机会。没有传统的民族，不幸就缺乏这种自由，也得不到这种乐趣。

保持固有传统，只是不受西洋文化的束缚。事实上，自从西方文化挟其"坚船利炮"的优势，排山倒海而来，我们便开始接受西方与中华文化的混合物。如果西化得不离谱，就用不着担心。因为中华文化的包容性，使我们不断吸取西方文化的精华，却不致妨害固有的传统。英国著名历史学家阿诺德·约瑟夫·汤因比（Arnold Joseph Toynbee）说："不论任何国家或民族，绝对不会因受外力攻击而崩溃，但当其内部丧失创造力的一瞬间，灭亡随即开始。"我们今天希望走出一条自己的路来，当然需要自我创造。然而，什么是创造力呢？必须继承传统的文化遗产，从合乎时代的新角度，给予阐释，并赋予新的意义。也就是说：创造绝非自真空中产生，乃是传统的再系统化与再精纯化。

现代日本和新加坡，便是将"固有传统""西洋精华"与"自我

创造"的取向相结合而获成功的例子，我们还有什么好犹豫的呢？

肯定中国式管理的价值，主要在"确立人的主体性"

德国哲学家康德指出："对待人类，包括你本身或一切他人，常同时当做目的，而不当做手段来使用。"中华文化向来重视人的尊严与价值，就今日工业社会"人逐渐沦为机械的零件或附属物"来看，这一点更显可贵。

西方式管理视员工为"平均人"，员工只能依据工作说明书的规定工作，不能有能力就多做一些。管理者为"合理人"，似乎理性得没有感情，殊与事实不合。中国式管理注重组织成员，把他们当作"伦理人"看待，进而希望管理者成为"服务人"（替员工服务），而员工则扮演"感谢人"（对"服务"心存感谢，因而尽一己之力，尽一己之心）的角色。

中国式管理的价值，完全表现在孟子所说的"中也养不中，才也养不才"的文化之中。人的尊严，不是如同生物那般，顺乎自然的本能行为，而是经过"谨庠序之教，申之以孝悌之义"，以免"逸居而无教，则近于禽兽"。这种"能者多劳"的服务人生观，正是人之所以为人的价值所在，可惜近来已经遭受重大打击而流于口号。殊不知这种突破"同工同酬"的服务精神，乃是中华文化的特色。

重新检讨管理的意义及内涵

西方式管理并无统一的定义，但"经由他人的努力及成就而将事情做好"则是公认的"管理"。事实上每个人都有其应该做好的工作，管理者也不例外。比较确切地说，应该是每一个人都要做好分内的工作，而不要做不该做的事。

自古以来，中国人视管理为"修己安人的历程"。管理活动，起于管理者的修己功夫，终于安人的行为。员工当然也应该修己，应该认清自己的能力和所处的环境，协助做好安人的工作。

安人的行为，绝对不是"管闲事的行为"。凡是应该管的事情，就不是"闲事"。"闲事"应该指那些不该管的事情，有人喜欢管闲事，这个团体就很容易陷入不安的状态，不可不慎。

至于管理的内涵，包括管理的目的、管理的力量、管理的精神、管理的原则、管理的方法以及管理的境界。中西方均有主次的差异，最好适当地加以区分。

重视管理的形上基础

分析日本式和美国式的管理，绝大部分是相同的。日本管理界毫不讳言他们深受德鲁克的影响。美国管理界痛切检讨"日本能，我们为何不能"之后，显然并没有失去自信心，且一针见血地指出日本式管理的长处在于经营理念的确立，使员工无形中产生"协同"的精神。当然，美国式管理也有其形上基础。海德格尔说："形而上学属于人的本性，并非可有可无的东西。不过19世纪以来，美国重科学而轻哲学，形成反形上的潮流，对美国管理的发展相当不利。"近几年来，由于日本式管理的冲击，美国似乎已经转向，逐渐重视管理的形上基础。

形而上学与形上信念，并不是万灵丹，并不能解决一切问题。但是它在管理中始终居于决定性的地位。例如，如果我们缺乏"仁爱"的形上信念，便无法真正体会"服务"的真义，也就不能真心尽力去"服务"，而只能停留在"人生以服务为目的"的口号阶段，张张嘴巴而已。

事实上，各国管理的不同，仅在于形上信念有所差异，所以我们要建构中国管理模式，便非重视管理的那些看不见、摸不着的形上基础不可。

划分是否学习西方的界限

即管理物的方法，可以完全学西方；管理人的方法，不能完全仿效西方。

西方的科学文明超乎中国之上，他们已形成一套良好的管理物的方法。由于物不具有情绪反应，没有心理作用，物在西方或中国，不会有多大的差异，所以西方那一套管理物的方法，我们不但不应该排斥，而且可以放心地使用。

几千年来，中国社会的风土民情习惯和西方的大不相同。心理学家指出"行为是人与环境交互作用的函数"，我国易学也认为"要判断一个人的行为，必须依据这个人的本质及其所处的环境"。中外环境既然不相同，管理人的方法，当然不能完全仿效西方，务必对西方那一套管理人的方法加以适当的调整，管理才有成效。就哲学思想的深度而言，恐怕外国的还不如中国。今天我们必须切实了解中国自己的管理哲学，采纳西方先进的管理工具和方法，培育出现代化中国式管理的美丽花朵。

建立中国式管理体系

　　管理的本质，就儒家而言，是"安人行为"；就法家而言，系"功利行为"；就道家来说，是"自然行为"；就墨家来说，为"利他行为"；就易学的观点来看，是"人道行为"；就宋明理学的观点来看，则为"循理行为"。

　　由于时代的变迁，我们不可能完全依据某一家的思想来建构中国式管理体系，但是必须做到孔子所说的"一以贯之"，才能够前后呼应，步调一致，所以不可以完全没有体系。